心理学是本故事书

Psychology is the story book

鲁芳 ◎ 著

企业管理出版社
ENTERPRISE MANAGEMENT PUBLISHING HOUSE

图书在版编目（CIP）数据

心理学是本故事书 / 鲁芳著. -- 北京：企业管理出版社，2013.7
ISBN 978-7-5164-0411-9

Ⅰ．①心… Ⅱ．①鲁… Ⅲ．①心理学－通俗读物 Ⅳ．① B84-49

中国版本图书馆 CIP 数据核字（2013）第 133301 号

书　　名：	心理学是本故事书
作　　者：	鲁芳
责任编辑：	宋可力
书　　号：	ISBN 978-7-5164-0411-9
出版发行：	企业管理出版社
地　　址：	北京市海淀区紫竹院南路 17 号　　邮编：100048
网　　址：	http://www.emph.cn
电　　话：	编辑部（010）68453201　　发行部：（010）68701638
电子信箱：	80147@sina.com　　xhs@cmph.cn
印　　刷：	北京毅峰迅捷印刷有限公司
经　　销：	新华书店
规　　格：	710mm×1000mm　　1/16　　15.5 印张　　200 千字
版　　次：	2013 年 7 月第 1 版　　2013 年 7 月第 1 次印刷
定　　价：	32.00 元

版权所有　翻印必究・印装有误　负责调换

前言

从前有座山，山里有座庙，庙里住着一群和尚……有一天，厨师让一个小和尚去买油，给了他一个大碗，并很严厉地对他说："千万要小心，不要把油洒出来！"小和尚接过大碗就下山去厨师指定的店里买油了。回来的路上，小和尚一直在告诫自己"千万要小心，不要把油洒出来！"想着想着他的眼前就浮现出厨师严厉的表情，便越发紧张不安。这一碗满满的油眼看就要溢出来了，小和尚只好两眼直直地盯着大碗。结果油还是洒出来了，越紧张油洒得就越多。等小和尚到达寺庙时，大碗里只剩下一半的油了。

小和尚被厨师大骂一通，难过得直掉眼泪。一个老和尚见状过来询问事情缘由，得知详细情况后，他对小和尚说："再去买一次油吧，这一次我要求你多看看周围的风景，并且回来后把你在路上的见闻讲给我听。"小和尚已经没有信心了，说自己根本就端不稳碗。老和尚不以为然，坚持让小和尚再去。

小和尚擦干眼泪，再次出发了。这次在回来的路上，他只记得老和尚交代的事情，想着要怎样向老和尚讲述路上的所见所闻。他看见一望无际的绿色麦田，小路上有几个无忧无虑的小孩子在嬉戏打闹，田埂的树荫下有几位老年人在悠闲地下棋……不知不觉中，小和尚回来了，他似乎已经忘记了自己手里还端着一碗油。当老和尚从小和尚手里接过大碗时，发现油一点儿都没有洒出来。

说来奇怪，小和尚越是在意油洒出来，到最后油洒得就越多。第二次当他不再把过多的注意力放在油上的时候，反而一点儿都没洒。我们是不是该从中悟出点什么呢？实际上，这就是心理学的奥秘所在。当你被一件事情所困的时候，主动跳出来，转移自己的注意力，才能看见另外一种风景。有时候暂时放下执著也是一种智慧，为问题的解决另辟蹊径。

每个人的一生都有许许多多的故事，组合起来都会是一部很精彩的长篇。即使年华老去，那些感动的瞬间，深刻的眷恋，温馨的片段，抑或是平平淡淡的相对无言却都不会老去。因为每一个片段、每一个故事诠释的都是人类的一种心理，令人回味无穷，历久弥新。我们可以不去翻阅那厚厚的心理学著作，不去理解那艰深的心理学理论，因为心理学就在你的身边，在你身边的每一个故事里。不管你现在经历的是怎样的一种人生，也不管你此时此刻是成功还是失败，当回首那些曾经触动我们心灵的故事，不论是自己的还是别人的，就让它们为我们驱散头顶上的阴霾，解读身边最奇妙的心理学，进而为人生点亮一盏明灯。

在社会这个大舞台上，作为个体的人类，从认识自己、触摸自己到成就自己，直至经历一个又一个人生的战场，在生活、爱情、人际、职场等领域逐渐拥有真正属于自己的一切，有的人需要用一生的时间，而有的人就有很多技巧与捷径，如同前面两次去买油的小和尚一样。我们在挫折中总结经验教训，在故事中体悟哲理，在反思中品读智慧，在智慧的世界里读懂心理学。正如罗斯·斯图特所说，一个故事可以改善人与人之间的关系，怡人性情，促使人在恍然间大彻大悟；一个故事可以帮我们沉思生存的意义，在阅读中接受新的真理；一个故事让我们以新的视角与方式去品读大千世界、芸芸众生。

翻开这本书，与故事中的人物对话，觉醒、激励你的生命，解读心理就从这些小故事入手吧！

目录

第一章·教你认识自己的心理小故事 / 001

佛塔里的老鼠——重要的自我感知 / 002

解差的疑惑：我在哪儿——自我认知 / 004

从流浪者到富翁——照镜子的哲学 / 007

遗失的名表——声音的遮蔽现象 / 011

国王和他的女儿——感觉的力量 / 014

静静的麦地——感觉剥夺 / 016

萨姆森的梦——梦境与现实 / 019

是女王更是妻子——每个人的角色都不是固定不变的 / 022

第二章 · 探寻另一个"你" / 025

拉米亚的服装——气质的转变 / 026

贝多芬的交响曲——骨子里的自励力量 / 030

加温的选择——人格的稳定性 / 033

渔夫、妻子与金鱼——马斯洛需求理论 / 037

不食嗟来之食——高自尊与低自尊 / 041

枚和瑜的故事——幸福在克服孤独之后 / 044

第三章 · 是什么让你无法完美 / 047

无法选择的是出身——别让自卑压低了你的头颅 / 048

缓慢前行的蜗牛——别急，好好享受你的过程 / 052

那只喜马拉雅山的猴子——幻想出来的障碍 / 055

坏情绪在蔓延——踢猫效应 / 059

小虾，勇敢向前冲！——克服逃避心理 / 061

文字控的蔓延心绪——请远离伤感与压抑 / 064

孤独"圣"女郎——完美主义者的悲哀 / 068

第四章 · 做自己的救赎者 / 073

将死神拒之门外的力量——希望 / 074

关键时刻的选择——奥卡姆剃刀定律的哲思 / 077

勇敢地接受吧——拒绝约拿情结 / 080

合理安慰自己——酸葡萄效应 / 083

选择"0"的人——空杯心态 / 085

第五章·小小智慧铸就大大人生 / 089

面试场上的老人——细心的人总有机会 / 090

被扔掉的小石头——习惯的强大力量 / 094

口吃的孩子——没有什么可以作为借口 / 098

生命本来的长度——珍惜 / 101

聪慧加大人生的容量——取舍的智慧 / 106

财富与生命——勇敢 / 110

第六章·别让婚姻成为爱情的坟墓 / 113

一个关于依恋关系的实验——爱情中的依附关系 / 114

杰克的中国之旅——相似性让他们走得更近 / 117

爱就爱得值得——选择 / 120

上帝眼里的爱情——爱要互相珍惜 / 122

风筝与线——爱情婚姻哲学 / 126

华丽的冒险——金钱与现实 / 129

罗米欧与朱丽叶——爱的遗憾 / 131

玫瑰与鸡——嫁给送你生活的男人 / 134

不能没有你的信任——信任化解婚姻危机 / 137

适当的距离产生美——刺猬效应 / 140

是什么引发了婚外恋？——婚外恋解析 / 142

爱他也可以离开他——女人要学会坚持自我 / 146

第七章·人生不是一次单身旅行 / 149

你需要给对方留个好印象——首因效应 / 150

学会瞬间读懂你身边的人——无声的身体语言 / 153

能说会道也是一种才能——瀑布心理效应 / 156

点到为止，留有余地——人际留白效应 / 160

让别人越来越喜欢你的秘诀——近因效应 / 163

最念是雪中送炭者——边际递减效应 / 165

广结人脉网——这是你走向成功的关键 / 168

第八章·职场其实是一场没有硝烟的战争 / 173

不放过任何一线生机——职场上处处是考验 / 174

想抬头就先学会埋头——蘑菇效应 / 177

把对手当做前进的动力—— 鲶鱼效应 / 180

大臣富凯的悲剧——职场潜规则 / 184

吃西瓜的年轻人——有舍得才有收获 / 188

藏族的犬獒——无数对手造就一个强者 / 191

多米诺骨牌效应——小事也不容怠慢 / 194

甜甜的批评——三明治效应 / 197

刺猬和乌鸦的故事——你的秘密要自己保守 / 200

第九章·不知道的人生秘密 / 203

欲望是深不见底的黑洞——狄德罗配套效应 / 204

快乐的秘密——原来情绪是可以自己控制的 / 207

奇迹生成的秘密——皮格马利翁效应 / 210

误会的秘密——虚假同感偏差原理 / 213

备受宠爱的秘密——同理心 / 216

健康的秘密——性格也决定健康 / 219

心理的秘密——得到时谨慎，损失时冒险 / 224

幸福的秘密——那个最幸福的人 / 227

成功的秘密——简单的事情重复做 / 231

第一章
教你认识自己的心理小故事

可曾想过你是一个什么样的人吗？老子说过："知人者智，知己者明。"古希腊德尔斐神庙前也刻着先哲苏格拉底的名言："认识你自己。"也许很多人会说我就是我，还用得着去认识么？其实不然，人生在世最重要的就是要准确地认识自己。不过分贬低，更不能过分抬高，只有准确估量自己的人，才能在人生路上找准自己的位置，创造出属于自己的一片天地。正如德国伟大哲学家尼采说的："聪明的人只要能认识自己，便什么也不会失去。"

佛塔里的老鼠——重要的自我感知

从前有一只到处流浪的老鼠，一个偶然的机会在佛塔顶端安了家。过惯了漂泊无依生活的老鼠，觉得佛塔中的生活简直是幸福无比！它每天都可以在塔里的各层间肆意穿梭，又可以随时品尝到美味的食物。闲暇之时，它还会蹲在佛像的后面，偷偷地瞧着那些前来跪拜的男男女女，身体中有一股飘飘然的感觉。夜间它在藏经阁中享受咀嚼文字的味道，还会大摇大摆地在佛像前驻足，心想可笑的人类居然还来跪拜，我却可以随意在你身上排泄体内的秽物。它渐渐觉得自己高大起来，是任何其他的同类乃至人类都不可侵犯的。

某日，一只同样流浪的野猫来到了佛塔里，并很快发现了老鼠。当野猫将它抓住，高举起准备吃掉时，这个自以为高贵的俘虏骄傲地说："你怎么可以吃我？所有的人类都向我跪拜，我已经与佛祖平起平坐了。"野猫扑哧一笑，讥笑道："难道你以为人们都是来跪拜你的吗？愚蠢的家伙！"然后就像吃面包一样将老鼠送进了嘴里。

这只愚蠢的老鼠之所以命丧猫口是因为它错误的自我感知。心理学提倡人们准确地认识并了解真实的自己，这就涉及自我感知的问题。而自我感知又涉及"我是一个什么样的人"以及"我为什么会是这样的人"的问题，它主要包括了自我感觉、自我分析、自我观察、自我评价、自

第一章
教你认识自己的心理小故事

我批评等。错误的自我感知会将一个人推向绝境，准确的自我感知就显得弥足珍贵。

实际上，自我感知是自我意识的构成部分。因此，自我感知也决定着自我意识的准确性，认识自己，充分明白自己的价值，准确的自我意识是前提。你可以问自己是否对现在的生存状态感到满意？是否满意自己当前的工作？是否对当前所拥有的一切感到幸福与知足？自己是什么样的人，为什么会是这样的人？等等。一个人的自我意识往往决定了他将创造出来的价值，而准确的自我感知是一个重要且关键的环节。

一个七岁的小女孩，在妈妈的鼓励下和一群同龄的孩子在游泳池里进行一场跳水比赛，当时爸爸妈妈都在场。身穿红色泳衣，头戴白色泳帽的小女孩站在最后一轮比赛的跳板上，这是她从未尝试过的高度。但是她看了看正在望着自己的父母，便勇敢地走向通往高台跳板的台阶，然后爬上去，在跳板的最前端她踮起了脚尖，径直跳了下去。女孩的动作虽然不如想象地完美，但是那从水面浮现出来的小脸蛋，已经挤满了笑容，并且嘴里还大喊着："我就知道我可以的！我做到啦！"

故事中的小女孩勇敢地迈出过去几乎无法想象的一步，因此对自己有了新的感知和认识，超越了过去的心理极限，她的生活也将因此变得更加广阔和丰富多彩。我们脑海中一些根深蒂固的成见，往往是对自我的错误认识，限制了自身潜能的发挥。如果我们能像那个小女孩一样，勇敢地走向一个新的高度，挑战自我，或许就会对自己有一个全新的认识，发现真实的自己。那时，你也会感叹："原来这些事情我也能做到啊！我比想象中的自己强多了！"

解差的疑惑：我在哪儿——自我认知

相传在很久以前，有一个解差押送一个和尚前去服役。小心翼翼的解差为了避免出现差错，每天早上都要花上一段时间去清点随身携带的贵重物品：他首先会摸摸自己的包袱，暗示自己包袱在；然后摸摸押解和尚的官府文书，暗示自己文书也在；又摸了摸和尚光滑的脑袋以及他身上的绳索，暗示自己和尚在；最后他还会摸摸自己的脑袋，傻傻地说："我也在"。

每天都是如此，解差只有完全检查无误后才会安心上路。而和尚是个生性狡猾的家伙，他早就把解差的行为一五一十地看在眼里，逃跑的念头现在终于有机会成为现实了。几天后的一个晚上，两人还像往常一样住进了一家客栈。在吃晚饭的时候，和尚说了一段感激解差的话："这一路上多亏您这么照应我，今儿我们要好好喝几盅！"说着和尚给解差斟满了酒，"还有几天您的任务就完成了，到时候您一定会被提拔，这不是很值得庆贺的事情吗？"解差听后满脸笑容，加上美酒已叫他产生了几分醉意，便开始在头脑中想象自己升官后的样子，越想越开心，于是任凭和尚倒酒，一杯接着一杯地喝下去，最后大醉不醒。就在解差昏睡的时候，和尚很快找来了一把剃刀，将解差的头发剃光，然后把自己身上的绳子解开套在解差的身上，自己连夜逃跑了。

第二天早上,当解差迷迷糊糊地醒来时,开始清点珍贵物品。只见他摸摸身边的包袱,心想包袱在。摸摸文书,心想文书也在。等他去摸和尚光滑的脑袋时,解差却怎么也找不到和尚,他大惊失色:"坏了,和尚呢?!"于是到处寻找,就在这时,他的眼前出现一面镜子,镜子中的人正是光滑的脑袋,于是他摸了摸自己的头,又摸摸身上的绳子,心里立即释然了:"嗯,和尚在。"但是不久,他又开始疑惑了:"包袱在,文书在,和尚和绳子也在,但是我呢?我在哪里?"

心理学上的自我认知也叫自我或自我意识,它是个体对自我存在的觉察,包括对自己行为以及心理状态的认知。故事中的解差对自己与和尚的认知,很明显只停留在表面特征的感知,而对真实的自我认知不足,混同于包袱与文书。可实际上,人和物又怎么可以相提并论?自我认知有的时候可以用一句话来概括:最熟悉的陌生人。我们每天都不忘和自己打交道,却往往因为太过熟悉而忽略了自己,既熟悉又陌生。解差之所以会做出如此愚蠢的行为,中了和尚的计谋,就是因为他对自己的认知不足。

假如一个人不能正确地认知自己,只看到自己的不足之处,就很容易自卑失去信心;只看见自己的优点,过分高估自己,极易导致盲目自大,工作失误。可见,恰到好处地、客观地认识自己是十分重要的。

解差与和尚的故事读来颇耐人寻味,和尚逃走了,解差最后也没能完成任务。看来要想顺利完成一项任务,必须要知道自己是谁,明白自己身处何地。现实生活中,解差这样的人物也是不少见的,不知道自己是怎么回事,更不能区分出自我实质性的内核,如此生活何谈成功?孙子说:"知己知彼,百战不殆。"俗语也说:"不知道自己吃几碗干饭,也不知道自己姓什么。"了解自己真的很难,但一旦了解了就有散发不尽的能量。

从流浪者到富翁——照镜子的哲学

美国个性分析专家罗伯特·菲利普曾经接待过一个流浪者,这是一个因企业倒闭而负债累累,最终离开了妻子和女儿的孤单的流浪人。他一进门就对罗伯特·菲利普说:"我想见见这本书的作者本人。"他一边说,一边从口袋里掏出了一本名为《自信心》的书,这是罗伯特·菲利普多年之前的作品,"我想一定是命运之神在昨天下午将这本书放进我的口袋的,当时我正想跳进密西根湖,从此了却残生。我觉得所有的人包括上帝都已经抛弃了我,说实在的,我已经看破一切,认为这一切都是绝望的。不过还好,我看到了这本书,它使我产生了新的想法,并为我带来了新的勇气和希望,支撑着我度过了昨天晚上。我决定要见见这本书的作者,只要我见到他,他就一定可以帮助我重新站起来。现在,我来了,我想知道他会为我这样的人做些什么。"说完,流浪者看着眼前的人。

在他说这一席话的时候,罗伯特一直在从头到脚地打量着他。他有迷茫的眼神,乱糟糟的胡须,透露着沮丧的皱纹,还有一丝紧张的神情,这一切都似乎在向罗伯特诉说着他已经无可救药了。但是罗伯特不忍心对他直说,而是要求流浪者将自己的故事完整地叙述出来。听完故事后,罗伯特想了一会儿,然后对他说:"即便我没有办法帮助你,但有一个人可以,如果你愿意的话,我可以带你去见他,在这个世界上也只有他能够帮你了。"流浪者很激动，抓住罗伯特的手请求说："看在上天的份上，请你务必为我引见。"

他会说"看在上天的份上"，表明他心中仍然有希望存在。罗伯特这样想着，便把流浪者领到个性分析的心理实验室内，并与他一起站在一块貌似窗帘布的前面，掀开"窗帘"一面明亮的镜子出现在两人的眼前，从头到脚照遍全身。这时，罗伯特指着他身边的人说："就是这个人了。这个世上，除了此人再也不会有第二个人能使你东山再起。你必须坐下来，当做从来不认识他一样重新结识他，否则，你最终只能跳进密西根湖了。在你充分认识他之前，你都将是对你自己、对这个世界毫无价值的废物。"

流浪者走近了镜子，并用手抚摸着镜子中那张满是胡须、皱纹，充斥着沮丧、紧张与不安的脸，没多久他就蹲下来哭了起来。

一天早晨，罗伯特在大街上看见了一个西装革履的人，此人正是几天前的那个流浪者。再仔细看，他轻松自在，步伐稳健，完全没有了从前的沮丧和不安。他诚恳地感谢罗伯特说，他很快找到了真实的自己，并已有了一份工作。

再后来，罗伯特得知这个流浪者终于东山再起，并成了芝加哥的大富翁。

站在镜子前，你看见的你自己就是这个世上唯一可以拯救你的人。你看见了自己，可是又有多少人能够完全了解镜子中的自己呢？曾经听说过一个游戏，讲给我这个游戏的人告诉我说，那是她第一次在没有任何心理和生理痛楚下的哭泣。

游戏是这样的，很多人在一起玩这个游戏，每个人找一个搭档，相对而坐，彼此做对方的"镜子"。上半部分，大家可以像四五岁的小孩一样，做一些怪动作让对面的人来模仿，于是欢笑声不断。然后就互相找优缺点，并以优点与赞美为主，大家依旧很开心地笑着。而到了下半部分，在音乐、灯光以及导师的指引下，大家都闭上了眼睛，开始了各自的"电影"回放，回想自己的种种不足与过错，并开始忏悔过往。就在这时，大家都流下了酸楚的泪水。

因为导师给大家算了一笔账，具体地说，应该是著名作家冰心在自己八十岁寿宴上算的账：假如一个人活了八十岁，那么 $80 \times 365 = 29000$，$29000 \times 24 = 700800$，$700800 \times 60 = 42048000$，$42048000 \times 60 = 2522880000$。导师还说，一个人如果可以活八十岁，那么他的时间就由这十位数的秒组成，可是现在在座的人中最小的也已经二十出头了，你们已经从中提取了许多的时间，你们的生命仓库中或许只剩下九位或者八位，甚至更少。不能说以后大家都会功成名就或庸庸碌碌，但有谁如此计算过自己的人生？剩下的时间是有限的，而我们要做的事情却是无限的，有多少人能够真正认识自己，并决定在这有限的时间内做好自己呢？

心理学家认为，一个人是先开始认识世界，然后才开始认识自身的，自我意识的建立和强化是在青春期，而在这之前，个体对自己几乎全然不知。

上述故事里的流浪者，在重大打击面前失去了自信心，认为自己再也无用了，索性抛弃妻子，过上了流浪汉的生活。这是他对自己极度不自信的表现，其根源是对自己缺乏正确的认识，不能充分了解自己的潜在能力。心理学研究也指出，人生来具有劣根性，需要经常被点拨、被警醒，更需要一个"心理医师"来为自己"把脉"，才不会误入迷途。流浪者幸好有罗伯特先生来点醒，看见"镜子"中的"自己"时，他终于明白能够拯救自己的人其实不是其他的任何人，而是自己。

如果自己都不知道自己是什么样的人，那就很难在失意的时候找回自信心，从此会一蹶不振。因此，时常照照镜子吧，在"镜子"里多了解自己，真正准确地把握自己在事业、家庭、社会中的地位与价值，肯定并充分认识自己。记得"每天进步一小步"，那么日积月累，你进步的就不仅仅是"一小步"了。

遗失的名表——声音的遮蔽现象

有一群孩子在一个富贵人家的农场工作。一次,农场的主人在巡视谷仓时,不慎将戴在腕上的名表弄丢了。那是一只很贵重的腕表,主人平日喜爱有加,发现丢失的一刹那心急如焚,他寻遍了整个谷仓,结果一无所获。无奈之下只好让孩子们帮忙寻找,并承诺说:谁要是帮我找到了那只贵重的手表,就给他50美元的奖赏。

面对这么诱人的奖赏,大家开始纷纷仔细寻找,心中暗暗祈祷自己能成为那50美元的幸运得主。当大家都在埋头四处寻找时,只有一个叫汤姆的家庭贫困的小男生坐在那里没有动,似乎一点儿也不为那50美元的赏金所动。他望着满是稻谷和干草的偌大仓库,还有小伙伴们寻找的身影,心想真有大海捞针的感觉。

可不是吗?大家仔仔细细地寻找,一直到太阳西沉,依然没有手表的踪影,一个个都放弃了,结伴回家吃饭去了。只有小汤姆在大家都走了之后还独自留在谷仓中,大大的谷仓陷入了一片寂静,加上黑夜赋予的一丝神秘,让小汤姆感到有点害怕,不过聪明的小汤姆可不会就这样放弃,这是他一直在等待的机会。原来他早就在心里盘算好了,手表的指针在走动的时候会发出声音,只要能够找到声音的来源就能顺利地找到手表了。而白天全是大家吵吵闹闹的说话声和脚步声,手表发出的声音根本就听不到,只有在夜晚大家都回家了,不再吵嚷的时候,或许才能听见。

汤姆屏气凝神静静地倾听，细细地寻找，终于上帝不负有心人，小汤姆听到一种很独特的声音，"滴答……滴答……"一声一声很有规律。小汤姆立即停在原地，那声音更加清晰了，于是他循着声音慢慢走近了声源，终于在一个小小的角落里，拨开掩盖着的稻草，发现那只手表正静静地躺在那里。

第二天，小汤姆理所当然地获得了50美元的奖赏。其他的孩子们感到疑惑，昨天汤姆明明坐在那里一动都没动，怎么一夜之间就变成幸运儿了？

汤姆的确很聪明，他懂得利用自己的听觉以及声音的来源寻找手表。人类的听觉可谓是个体感知世界的一个极为重要的途径，它同视觉一样有着举足轻重的作用。当一个声音传来，多半情况下，我们都可以很快判断出声音的来源方向，也叫声音的空间定位。我们若想准确判断出声音的来源方向，需两只耳朵同时听，因为左右耳分别位于大脑的左右两侧，因此，当声音传来时就会出现一个时间差，这个时间差便是我们对声音进行空间定位的重要线索之一。

一般情况下，人们在感知世界和认识世界的过程中，视觉和听觉基本上是协调工作的，而盲人失去了视觉，只有听觉变得格外敏锐，才能弥补没有视觉的缺陷，因此盲人的听觉是格外灵敏的。

那么，故事里小汤姆认为的"白天全是大家吵吵闹闹的说话声和脚步声，手表发出的声音根本就听不到，只有在夜晚大家都回家了，不再吵嚷的时候，或许才能听见。"怎么解释呢？实际上这是日常生活中大家几乎都知道的常识，而在心理学中，这种现象被称为"声音的遮蔽现象"。举个例子来说，假如你一个人在家里安安静静地看电视，忽然窗外传来一阵嘈杂声，电视机的声音就无法听见了，正是嘈杂声遮盖住了电视机的声音。

陶渊明的《饮酒》一诗曰:"结庐在人境,而无车马喧。问君何能尔,心远地自偏。"这已不仅仅是单纯的听觉问题了,还有是否用心和静心的问题。小汤姆怎么会知道要在大家都回家后才能听见手表的声音?又怎么知道要根据声音的来源判断手表的位置?自然是他平时用心思考过类似的问题。掌握的知识多了,才能在关键时刻起到作用。生活中细心的人会发现,有些人即使在很安静的环境里也会感觉烦躁;而有些人即便身处闹市,依然可以捧着一本书静静地阅读。这就是人们在心理上对外界的声音进行了"遮蔽"。

我们在生活中,通过听觉对外界事物以及对自己进行感知,而这些并非全盘接收,可以加以选择有效处理信息。用听觉(视觉)感知这个世界和自己的时候,也要用心去体会,这样才能取得事半功倍的效果。

国王和他的女儿——感觉的力量

相传很久以前有一个国王,他有几个女儿,但是他最最疼爱的还是最小的女儿。国王"望女成凤"心切,一天天总觉得小女儿一直都长不大,心急如焚。于是有一天,他请来一个名医,对他说道:"现在我命令你给我的小公主一剂药,让她很快长大的那种药。要不然我就杀了你。"这位名医心里很清楚,世上哪里有这种药呢?但他还是对国王说:"这种药我以前有,但现在已经用完了。我可以去寻找,并且一定能找到。不过您必须做到一件事,这种药才能生效。"国王很高兴忙问:"是什么事情?我一定可以办到。"名医回答说:"在我去寻药期间,国王必须保证不和小公主见面,一次都不行,否则药就没有效果了。"国王答应了。

第二天,这位名医就踏上了"寻药"的征途。这一寻就是十二年之久。这段时间,国王也遵守承诺,再没有和小公主见过一面。十二年后归来的名医带回一剂药,给公主服用后,领着她去见国王。结果,国王看见一个身材高挑、美貌端庄的姑娘,国王激动地拉着小公主的手,喃喃自语:"我终于盼到你长大的一天了!"名医得到了奖赏。

国王为什么总觉得小公主长得慢,甚至觉得她都没在成长?其实是他每天都能见到公主的缘故。国王在感知公主的成长变化时,每天都会和小女儿相处在一起，因此对她的成长感受性就很小，自然就觉得女儿成长得慢。这种现象该如何解释呢？

实际上，人们在感知外界的人与事时，通常离不开自身的感觉。举个例子，在阴天和晴天，人们都可以感觉得到光线的明显差异；天气热的时候会感觉热，天气冷的时候会感觉冷，等等。我们通过自己的眼、耳、口、鼻、舌头、皮肤以及感觉神经将外界传递给我们的声音、光线、冷暖等传送给大脑形成感觉。在这个过程中，促使感觉形成的刺激物被称为刺激源，但并不是所有的物体都可以成为刺激源，只有当刺激物达到一定的强度时，才会有效刺激到人的感觉器官产生感觉。我们之所以看不见空气，看不见尘埃，就是这个原因。此外，刺激物对感觉器官产生的冲击力，也就是感觉器官对刺激的感受能力强弱决定了感觉的强弱。

故事中的国王天天面对着小女儿，国王对作为刺激物的小女儿的成长变化感受力变小了。聪明的医生利用这一原理，巧妙地改变了刺激国王视觉器官的时空模式，十二年的时间，女孩的变化是巨大的。前后相隔的时间越长，这种刺激效果就越强，还是同样的一个刺激源，作用的也是同一个人的感觉器官，但国王的感受性却加大了。

静静的麦地——感觉剥夺

在许久之前,上帝降临人间,在他自己所创造的这片土地上散步。他遇到一个耕作的农民,当农民得知他就是上帝的时候,便祈求上帝能够帮帮他,只要给他一年的时间,希望这一年他的庄稼地里不要有任何的风雨、烈日、干旱等灾害,以便庄稼田里的麦子在来年获得丰收。

上帝看看满脸尘土的农民,不忍心说拒绝的话,况且他的再三请求让上帝觉得似乎应该帮帮这个辛苦的农民。于是上帝同意了。

这一年,庄稼地里果然什么都没有发生,一切都风平浪静,麦子在这一年中很安静地"生长"着。农民每次来到地里看见一切安好的麦子,心里就很是高兴,热切地等待着丰收的那一天。

第二年很快就到了,收获的那一天,农民在麦地里居然一粒麦子都没有找到,反而都是空空的麦壳。农民的心顿时沉进了谷底,他去找上帝询问究竟是怎么回事。

上帝告诉他说,风吹日晒、洪涝灾害甚至蝗虫、干旱,其实都是麦子成长的必要条件,只有这些才能唤醒麦子内在的灵魂获得丰收。你要求我为你免去这些,其实就是剥夺了麦子生长的必要条件,那么你最终获得的也只能是空壳。

上帝接受了农民的祈求,并剥夺了麦子成长的条件,结果导致麦子颗粒无收。正如上帝所说的，只有风吹日晒、洪涝灾害才能唤醒麦子内在的灵魂。

心理学中的感觉剥夺指的是有机体与外界环境的刺激处在一个高度隔绝的特殊状态，当有机体处于该状态，外界的一切声音刺激、光源刺激、触觉刺激等均被隔离。在这种状态下，一般几天之后，有机体就会发生某些心理病变。

1954年，加拿大的心理学家博克森进行了一个"感觉剥夺"的实验，参加实验的人都要戴上一副半透明的护目镜来限制视觉，这就剥夺了被试者的视觉；一台空气调节器只发出一种极为单调的声音，并且其他的声音一概不能传进其耳朵内，这就剥夺了其听觉；手上戴有棉布手套和纸筒袖套，而双脚也被特制的夹板固定住了，这就剥夺了其触觉。总之，被试者要在一切感觉都被剥夺了的情况下在实验室里呆上一段时间。开始的时候，大家都觉得没什么，有的人还慢慢睡着了。可是在实验进行到几乎一半的时候，很多人都开始变得不耐烦，严重的还出现了失眠、焦虑、注意力涣散、幻觉错觉、思维迟钝等病理现象。实验结束后，这些被试者的状态在很长一段时间里都不能恢复。

实验的结果告诉我们，人类最基本的心理现象就是感觉，人的感觉是意识与心理活动的重要依据。人们获得对世界的感知的过程就是凭借视觉、听觉、触觉等开始的，通过感觉获得周围环境的信息，适应并求得生存，与外界环境的广泛接触是人获得成长和成熟的基础和前提。一旦失去感觉，人的意识就会产生一系列病变，就如同麦子不结粒一样。只有接受外界环境给予的一切，更多地感受外界并与之建立起联系，接收丰富多彩的环境刺激，才能更好地生存与发展。

因此，一个人对自己的认知很大程度上建立在与外界的关系基础上，不管是什么样的困境，跨过去就是强者，因为只有经历过风雨和灾害的麦子才会有饱满的颗粒。上帝的话也给我们很多启示，一个人不可能一直避开所有的考验。假如真的"有幸"避开了，对于一粒麦子来说，它可能无法长出颗粒；而对一个人来说，很可能就会失去灵魂。在我们的现实生活中，很多职业比如跑长途的司机，就很容易进入感觉剥夺的状态，看不见一些实际存在的东西，进而引发事故的现象时有发生；一些长期独自生活、不接触外界的宅男宅女们，也很容易因为感觉剥夺而产生强烈的不安和极度的孤独感。

因此，一个人要想保持一种正常的身心状态，就不能与外界刺激断绝联系。

第一章

教你认识自己的心理小故事

萨姆森的梦——梦境与现实

1988年8月28日的晚上,一个名叫萨姆森的报社员工在当晚值班时做了一个梦。梦的内容是,南洋的爪哇岛附近有一座小岛发生了火山爆发,当地的居民几乎都被喷薄而出的熔岩埋没了,而紧接着又出现了海啸,大海上好几艘巨轮都沉没海底。场面甚是令人心惊,萨姆森醒来后,回想起刚才的梦境,觉得很有趣,也觉得这是一个很不错的素材,便把梦境用文字记录了下来。

第二天早上,萨姆森把稿子放在办公桌上,然后自己就回家睡觉去了。结果主编上班时看见萨姆森桌面上的稿子,以为是昨天夜间发生的重大新闻事件的稿子,便急匆匆地拿去发稿了。得知此事后,萨姆森告诉主编,那只是他根据自己的梦境写出来的趣味性读物。但此时新闻已经发出去了,并且在社会上引起了一场轩然大波。于是社长急忙召集各个部门的负责人,共同来商量解决的办法。

出人意料的是,不久就有消息称,爪哇岛附近的小岛确实发生了火山爆发,场面和萨姆森描述的几乎一模一样,同时处在爪哇岛和苏门答腊岛之间的一座小岛也发生了火山爆发。这场巨大的火山爆发浩劫酿成了无法弥补的惨剧,克拉卡托岛(长约8公里,宽约4公里)因此丢失了三分之二的土地面积。而由此引发的海啸淹没了163座村镇,死亡人数达4万之多。

随着现代心理学的发展，心理学家们对梦的研究已经越来越深入，并得出了"有梦睡眠有助于大脑健康"的论断。实际上，梦是人们在睡眠中某一个阶段的意识状态下，产生的一种自发性的心理活动，可以说，做梦是人体一种正常的、必要的生理和心理现象。即使人在入睡后，大脑的一小部分细胞还是无法停止活动，这也是做梦的生理基础。而关于以上的梦境与现实之间的关系，也即梦境是否预示着某种现实，至今无定论。

根据精神分析学派的鼻祖弗洛伊德的观点，梦中的内容给我们提供了一些了解无意识的线索，并认为重要的无意识素材隐藏在象征符号里。该理论认为，梦其实是尚未得到解决的冲突，在熟睡期间变相表现出来的一种现象。据此，一些治疗师就可以为他的病人找到梦境中的无意识冲突的重要线索了。

可见，梦中的内容常常受到人们在睡前的情绪的影响，那些郁结在心里得不到解决的问题，或者是烦恼、恐惧等都是梦中内容的来源。但是还有研究显示，一些人们在日常生活中根本就没有意识到的问题也会出现在梦里。

生活中，我们往往会向好友诉说自己做的梦，或因为做梦而显得睡眠不足；也有很多人说，我根本就很少做梦，即便做了也很快就忘记了。其实并非如此，科学家研究证明，一个人一整夜大约有一到两个小时都在做梦，一个人一个晚上一般都会做四到六个梦，前半夜较短，后半夜则较长。而有些人之所以说没有做梦，多半是因为他们醒来就忘记了。另外，根据弗洛伊德的观点，无意识冲动不可能被永远压制，梦则为无意识冲突提供了一个安全且健康的出口。

一些心理学家做过实验，称人们的睡眠是由正相睡眠和异相睡眠相互交替的形式进行，正相睡眠期间被唤醒的人有7%在做梦，而异相睡眠期间被唤醒的人有80%在做梦。一个人在每晚可持续大约一个半小时的梦境。因此，在异相睡眠期间醒来的人就感觉梦多，甚至记得很清晰；而在正相睡眠期间醒来的人就感觉梦少，或感觉自己没有做梦。那些记得的梦一般都是在即将觉醒时做的，而之前所做的梦基本上都被遗忘了。

做梦并不影响睡眠，相反无梦的睡眠才是真的不好的睡眠。这也是心理学家经过多年的临床实验得出的结论。

大脑调节中心平衡机体的各种功能产生梦，梦也是大脑健康发育以及维持正常思维的需要，一旦大脑调节中心受到损伤，就不再有梦了，或者只是一些残缺不全的梦的零散片段。可见，若长期无梦睡眠，或者一直做噩梦，通常都是身体出现了某种疾病的征兆。

是女王更是妻子——每个人的角色都不是固定不变的

英国的维多利亚女王与她的丈夫发生了争执,结果丈夫一气之下奔出卧室走进了书房,并重重地将门关上了。女王来到书房门前敲门,呵斥丈夫把门打开,但是丈夫反问说:"你是谁?"女王气急败坏地说:"我是英国女王。"书房里没有任何反应,过了一会儿,女王又敲门,用稍微柔和的声音说:"我是维多利亚。"而书房里面依旧没有声音回应。最终,女王用极其柔和的声音说:"开门吧,我是你的妻子。"话音刚落,房门就打开了。

我们每个人在不同的环境、不同的时间空间范围内扮演着各种不同的角色。在父母面前,我们似乎永远是长不大的孩子,而进入社会之后,我们就要学会自己独立生存。在爱情与婚姻面前,要扮演好爱人的角色;在友情面前,要做好仗义的朋友;在上司面前,要扮演好称职的员工角色;在下属面前,要树立做领导的威信……

无论是哪一种角色,你肯定都想建立并保持完美的形象,这会使你备受欢迎,人际关系也更加融洽。假如一个人一味地固守一种角色,不知根据场合与环境加以变通,调整自己的社会角色,就可能闹出很多笑话,甚至引起他人的厌恶。

故事里的女王在众位大臣面前是高高在上的女王,任何人都不能侵犯她。所以她那种居高临下的命令口吻就成了难以改变的习惯，导致她在自己的亲人面前依旧是一副高高在上的样子，这自然令她的丈夫很不舒服。但庆幸的是她很快就意识到自己的错误之处，并及时加以更正，因而缓解了矛盾。

我们认识并了解真实的自己，而后懂得何时该高傲一点，坚持自己的原则不放弃；何时该谦虚一点，敢于弯下笔直的脊梁听听他人的想法。面对不同的人物，我们自己所扮演的角色也就不一样了。随着角色的不停转换，或许我们的一生就此更替前行，多了一些理解和支持，也多了一些温暖和光明。很多人固执地坚守着自己的立场不肯低头，即使有时候知道错在自己，可就是不能变换一下角色，导致矛盾越发激烈不可收拾。或许随着年龄的增长，心智渐渐成熟时才明白当初的无知，可年年月月时间渐渐流逝，等你成熟起来的时候，对方并不见得有时间等你。

身为父辈的不会理解现代孩子的思想"怪异"，觉得他们"不听话"；而孩子们则认为父母不懂自己，每天总是唠叨个没完。长者会说："你懂什么啊！我走过的桥比你走过的路还要多，吃过的盐比你吃过的饭还要多。"年轻人则会说："时代不同了，不要总是用你们的老眼光来看待我们！"

两个相爱的人原本相守在一起，却因为日益增长的矛盾而不得不分开。因为是你的恋人，我才要求你这么多！是啊，正因为是恋人才会有期待，有期待就有失望，久而久之就会绝望。而关系不深的人之间就很少如此，这其实也是角色引起的纷争。不是对方不够好，只是身在爱情中大家都渐渐失去了尊重对方的意识，不懂得从对方的角度出发去思考问题。要是能够以对待朋友的宽广胸怀去对待自己的恋人，矛盾是不是就会少点呢？他若是爱你，不用你去要求，他自己就会去做；反之，即便你达到了目的，他那边心里是何其不爽，你会知道吗？

人人都有自我、自私的一面，这是你必须要面对的真实的自己。而在角色的转换之间，我们也渐渐明白设身处地为他人着想、转换思维角度以及区分开各个角色的重要性。

第二章

探寻另一个"你"

卡尔·荣格说过:"任何一个旁人对我们的理解都胜过我们自己对自己的理解。"是的,很多时候,我们认为没有谁会比自己更加理解自己,但实际上并非如此。我们每个人都有自己的特质,这才使得社会上的每一个人都是独一无二的,即便是一对双胞胎也有很大的差别。或许,我们可以站在另一个角度,从别人的身上看见自己的影子,或许邪恶、或许自私、或许虚荣、或许自卑,也或者是你从未发现的坚强。那么看看下面的几个小故事吧,让它们带你去品读人在气质、性格、特质等方面的不同,引导你发现身体中的另外一个自己。

拉米亚的服装——气质的转变

拉米亚毕业于一所名牌大学，她是个安静稳重的女孩。有段时间她在国内一家很有名的电台工作，并帮助解决了很多内部技术上的问题，由此大家都亲切地称呼她为"能力女孩"。但是，拉米亚的雄心不在这里，为了在事业上有更好的发展，她选择去美国NEC公司应聘。但是在面试的过程中，她屡屡失去机会，原因不是她的能力，而是她总是不善言辞，太过沉静而没有主动抓住一个个自己渴望的难得机会。之后她又接到美国索尼公司的面试电话通知，有了之前的教训，拉米亚深知这次再也不能错失良机了。

于是，她找到一位友人帮助她分析并给出建议，刚巧这位友人是当时较为著名的形象设计师。友人很耐心地听完了拉米亚的叙述，然后问她："你觉得你在面试时候最大的恐惧在哪里？"拉米亚说："我只感到紧张，我不能像别人一样表现得落落大方，热情积极，与面试官交谈时也不能侃侃而谈。"友人面露微笑："我所了解的拉米亚本身就是一个沉静、不爱言谈的姑娘，因为你的气质一直都是如此。而在你的脑海中所期待成为的人是与你自身气质完全相反的一类人，自然很难做到。但是我有个办法，首先带我去你的衣柜看看好吗？"

拉米亚领着友人走进自己的房间，"你面试的时候穿的衣服呢？""哦，在这里。"拉米亚随手指指衣架上的衣服。友人看了看不禁皱起眉头："噢，难怪了。你的这些服装不是黑色，就是棕色，要么就是浅灰色，知道吗？你的面试一大半都毁在了这些服装上。"拉米亚惊讶地张大了嘴巴。"因为这些服装无时无刻不在提醒你，我是一个沉稳、不善言辞、毫不出众的角色。这样的暗示无非就是在摧毁你内在最优秀的表现力。"

"现在跟我来吧，让我把最真实的你展现出来！"友人拉着拉米亚的手，一起来到自己的工作室，并将一套设计精巧的服装拿给拉米亚试穿。这是一套款式简单、线条流畅的纯棉质地的玫红色套装，这种玫红不抢眼，却沉稳得体，毫不夸张地衬托出了拉米亚的身形。她看着镜子中的自己，简直就是另外一个人了。友人在一旁不禁惊叹："难道这套服装就是专门为你而诞生的么？简直不敢相信。"镜子中的拉米亚鲜亮迷人，胸挺起来了，背也直起来了，眼睛雪亮，神态自信坦然。

第二天，当拉米亚穿着这身服装出现在索尼面试考场上的时候，她表现得极为自信大方，沉稳中不乏大气，安静中带有一股超凡的气质。正是这种从内在透出来的自信力给面试官留下了深刻的印象，于是在最后一轮面试中，拉米亚成为唯一一个被正式通知可以立即上班的面试者。

拉米亚觉得友人不仅是形象设计师，还是一个神奇的魔术师，只用一套服装就改变了自己一直以来的气质。但友人却说，其实这是人人都可以做到的。

安静沉稳、不善言谈的人所属的气质类型是粘液质，这是根据古希腊著名医生希波克拉底的"体液学说"划分出来的气质类型之一。人的体内存在四种体液，即粘液、血液、黄胆汁以及黑胆汁，据此，气质被分为粘液质、多血质、胆汁质和抑郁质四种类型。

粘液质的人的气质特点是：沉稳不易冲动、安静内敛、反应迟缓，能够依据原本计划的生活、工作方案行事，情感不轻易外露；多血质的人的气质特点是：外向活泼好动、机敏灵活、善于交际、情感外露，往往不能长期集中精力于同一件事情上；胆汁质的人的气质特点是：性情急躁、不能克制，但反应敏捷，有坚韧不拔的克服困难的毅力，情绪易于激动；抑郁质的人的气质特点是：有很强的感性，容易主观地将一些很小的刺激衍化为强大的消极感受，有一定程度的悲观倾向，行动迟缓，性格孤僻，在困难面前往往优柔寡断、消极等待。

气质是一个人生来就具有的一种性情，没有好坏之分，面对不同的人和事，各有各的优势与劣势。我们要了解自己的气质类型，以便更深程度地认识自己，同时对将来的择业、人际也有不可忽视的作用。

故事中的拉米亚本身的气质属于粘液质。面试时需要她健谈，不能过于沉默，而本身条件优越的她却不能很好地发挥自己的潜能，失败的教训警示她必须祛除这些性格中的不利因素，否则会一路失利，好的机遇将会再次错过。她必须有效克服性格中的弱项，积极挖掘优秀的潜质。不过幸运的是拉米亚获得了帮助，一身合体的服装彻底改变了她的内心，周身所散发出来的气质也更加符合面试的需要，原本压抑的自信心被完全释放出来，可见，生活中表现出来的气质可以根据你的需要而改变。

通过这则小故事使我们知道，一个人不可能具备所有的气质优势，但我们可以在深入了解自己后，通过各种不同的途径去调节、改变不足之处。当恰当的气质毫无保留地散发出来时，那就是另一个你不知道的自己。

一个气质良好，举手投足间都散发出独特魅力的人，不管在何时何地都会引来别人艳羡的目光，留给他人很好的印象。但是气质也不是一

朝一夕形成的，或许现在你的气质不能满足现实的需要，但只要你意识到不足，充分了解自己的气质，寻求解决的途径，就可以改正与克服自己的弱项，就像故事中的拉米亚一样，真正挖掘出自身潜在的气质优势并为自己所用。

贝多芬的交响曲——骨子里的自励力量

1770年,一个伟大的生命降临在德国波恩一户贫民家庭里,这个自幼就和音乐打交道的孩子极早就显露出对音乐的独特天赋。贝多芬八岁就开始登台演出,十二时不仅可以自如演奏,还担任了管风琴师聂费的助手,并正式开始跟随聂费学习音乐。这期间聂费帮贝多芬扩大了艺术视野,还让贝多芬熟悉了一部分德国古典艺术的范例,巩固了他对音乐的崇高理想。1787年,聂费引见贝多芬受教于当时轰动维也纳的莫扎特,听完贝多芬的演奏,莫扎特就预言说贝多芬有朝一日会震惊全世界。贝多芬十九岁那年,法国大革命爆发,他创作的《谁是自由人》表达了自己对自由与民主的渴望。当时的很多人都被他美妙动听的钢琴曲所吸引。

众所周知,贝多芬为世人创作出了无数的华美乐章,而他自己却陷入了可怕的无声世界里。面对生活赋予的苦难,他只能将它们化作一个个飞扬的音符。当他的听觉一再被一些奇怪的"嗡嗡"声所干扰时,贝多芬感觉自己像是被一个魔鬼纠缠住了不能前行,它遮挡了他所有的光明。以前所有的荣誉、风光都被一扫而空,他简直迷失了方向。贝多芬预感到一股巨大的、无声的黑潮向他袭来,毫无办法躲避。音乐对他来说是多么的宝贵,没有了听觉一切都将变得悲惨无比。

日复一日,贝多芬已经很难再听清楚周围的声音,亲朋好友的谈笑,美妙动听的乐章，他都不能再随意欣赏了。他曾悄悄地去看医生，也尝试了很多的方法，一个人最脆弱的时候莫过于此了，他胆战心惊却只能故作镇定，他把所有的希望都寄托在了医学上。可最终医生宣布，他们已经对贝多芬的耳疾无能为力了。仅存的一点希望都破灭了，难道命运真要夺去这得来不易的一切吗？贝多芬对着上苍大声呼喊，却得不到一丝回应，满腔恐惧、悲愤与忧伤。

苦难总是在最繁华的时候站出来折磨人，痛苦不堪的贝多芬想要放弃音乐，从此不再与声音打交道。之后他去了一个美丽的农庄，打算做一辈子的农夫。但是，天生的音乐细胞和内在强大的音乐力量无时无刻不在激荡着贝多芬的胸怀，他想平静下来却做不到。终于贝多芬爆发了，那股强大的力量已经无法遏制，他大叫着："我要向命运抗争，扼住命运的喉咙！"

重新振作起来的贝多芬，再次开始了音乐创作。虽然他已经听不见美妙的声音，可凭借内心激荡已久的热情和对音乐与生俱来的天赋，在海利根斯塔特的乡村牧场，贝多芬创作出颂扬大自然美景的壮丽篇章《第二交响曲》。之后贝多芬又创作出一些交响曲目，无不是以英雄与命运抗争为主题。这"英雄"与"抗争"实际上就是他自己的化身。虽然已经失去了听觉，但那些乐章在他的心间永存，因为这是属于他自己的抗争。我们在享受美妙乐曲的时候，似乎也看见了一个坚强的、与命运搏斗的勇者，正勇敢而努力地生活着。

人在困难面前，极度痛苦的心境往往会摧毁一段原本完好的人生，但是贝多芬还是战胜了自己，战胜了病魔，进而战胜了命运。心理学上把这种在艰辛境况下，所挖掘出来的内心新的凝聚力量称为自励或自励人格。其最突出的特点就是，能够很快地将生活中遭遇到的不幸以及压力转化为前进的动力。这是自我激励的积极结果，并促使人不断战胜困难，不断在抗争中获得精神上的满足。

假如说，天才贝多芬的失聪使他饱尝了辛酸，那么这也是命运对他的一次最成功的激励。因为重整旗鼓的贝多芬在失聪的岁月里所创作出的作品，已经远远超出了他早期的作品水平，这无疑是出乎众人意料的。

磨难可以激发出一个人最真实的潜在能力，加上自身对理想的执着，什么可以阻挡你前行呢？假如当时的贝多芬一蹶不振，从此放弃了对音乐的热忱，放弃了自己与生俱来的创作才能，那么今天的我们也不会知道这个天才的存在以及他光辉的一生了，还有那些不朽的华美乐章。

或许你所认识的自己并不伟大，在困难和挫折面前也会流泪想要放弃，可是人的意志力是无比强大的，潜能也是无法预知的。你只看见一个在困难面前痛苦的自己，却未曾发现那个还在勇敢坚守的影子似乎若隐若现，但只要你用力一拉他就会出现，并真真切切地告诉你：还有我在，所以不会输！这就是自我激励的力量，或许你我都没有贝多芬的才华，但我们一样可以创作出属于自己的"命运交响曲"。

加温的选择——人格的稳定性

国王阿瑟被掳获并即将被处死，但是敌国的国王觉得他还年轻，杀了很可惜。于是打算问他一个问题，如果他答得出来，便可免去一死，国家也可免于灾难。这个问题就是：女人最想要的是什么？

阿瑟向身边的人求解，但都没能给他一个十分满意的答案。后来有人指点阿瑟说："在郊外的一个阴森森的城堡中有一个女巫，或许她会给你一个答案。但据说她的收费很高，并且有很奇怪的要求。"为了救自己，更为了自己的国家免受灾难，阿瑟毅然决然地找到了女巫，并要求她给自己一个完满的答案。女巫答应了，但条件是她要和阿瑟最亲近的朋友加温结婚。阿瑟的朋友加温是最高贵的圆桌武士之一，相貌俊朗、身材高大、智勇双全，而眼前的女巫却丑陋不堪，矮小驼背，周身还散发着难闻的气味。阿瑟摇摇头说："我绝对不能为了自己而逼迫自己最亲近的朋友娶这样一个丑陋的女人！这会毁了他的幸福！"但是当加温得知这个消息之后，他毫不犹豫地说为了阿瑟和他们的国家，自己愿意娶这个女巫。

女巫告诉阿瑟，女人最想要的就是主宰自己的命运。这也是一条千百年来一直不变的伟大真理。

于是阿瑟获得了自由。女巫与加温的婚礼也如期举行。

在婚礼上，女巫的表现令在场的每个人都不堪入目。她用手抓东西吃，说脏话，还不停地打着嗝，并散发出一股股难闻的气味，大家都感到十分的恶心。阿瑟看在眼里，难过在心里，觉得是自己毁了朋友的一生，可怜的加温以后该怎么办！

但婚礼上的加温却依旧平和。洞房花烛之夜，众人很难想象加温将如何面对这一切，可加温还是一如既往。最后，令他意想不到的是，他的眼前竟然出现了一位从未见过的绝代美人。还没等加温说话，那女人就对加温说："一天中，我会一半是丑陋不堪的女巫，一半是倾国倾城的美人。亲爱的夫君，你希望我什么时候是女巫，什么时候是美人呢？"

女巫说话的时候，心想答案无非是两种：一种是要我白天做女巫，晚上做美人，这是个不顾外人看法的选择；还有一种是要求我白天做美人，这是每个男人都有的心理，自己的妻子要能够带得出去，而晚上关了灯什么都看不见，是不是美人也无所谓了。

但是加温的回答是："你说过，女人最想要的就是能够主宰自己的命运。那么，这就由你自己决定吧！"女巫流出了眼泪，"我白天与夜晚都将是美人，因为我爱你！"

这则意味深长的小故事让人思虑良久。很多时候，我们总是从自己的角度去看问题，希望事情永远朝着有利于自己的方向发展，于是不顾对方的感受而坚持自我。因为自私是人的本性，现实生活中，真正可以像加温这样的人几乎没有，当然也不排除存在的可能性。有句话说得好"江山易改，秉性难移"。我们每个人都有自己长期形成的、难以更改的"秉性"，也就是心理学上的"人格"。它是指一个人与社会相互作用过程中表现出来的行为模式、思维模式与情绪反应的特征。

心理学上把人格分为性格和气质两个部分。稳定的个性心理特征是性格，是一个人对待现实的态度及其相对应的行为模式。气质是性格的润色，是一个人的心理活动与行为模式的特点。不同气质的人给他人的感觉也不同。

总结人格其实很复杂，但是每个人都有自己的人格，在不同的场合，面对不同的人，所表现出来的人格往往不一样，就像一个多面体。但总体上，人格是稳定的，正所谓"秉性难移"。

有一则寓言。一天青蛙和一只蝎子一起过河，蝎子不会游泳，于是便央求青蛙帮助自己："我的好朋友，现在只有你能够帮助我了，请你帮帮我吧，我将感激不尽！"青蛙知道蝎子是有名的蜇人高手，于是拒绝了它。而蝎子一再请求，并表示一定不会蜇青蛙，因为青蛙死了自己也活不成。青蛙想想有道理，于是就背上蝎子准备过河。到了大河的中央，蝎子实在忍不住了，于是狠狠地蜇了青蛙一下，疼痛难忍的青蛙质问蝎子："难道你自己说的话都忘记了吗？我死了你也活不成！"蝎子说："我也不想蜇你，但是蜇人是我的本性啊！"最终，青蛙和蝎子一起沉入了河底。

人格是在长期的、一贯的行为中表现出来的，偶然表现出来的心理和行为特征不能称之为人格。正如在前面的故事中，加温曾一度为了自己的朋友和国家，决定娶一个奇丑无比的女巫为妻，这就是他人格中美的一面。阿瑟伤心自责，是站在加温的角度，想到他整日面对这样的一个女巫该怎样存活，这也是阿瑟人格美的一面。在女巫要求加温做出选择的时候，加温再次站在别人的角度，并把最终的决定权交给了希望主宰自己命运的女人。试想一个整日无恶不作、完全不顾及他人感受的人，怎会做出如此的举动？

当然，我们强调人格的稳定性，并不意味着它是一成不变的，因为人格会随着年龄的增长而出现不同的发展变化，也会随着那些对个人有重大影响的环境和机体因素的变化而变化。也就是说，一个人的人格，在少年、成年和老年各个阶段都会有不同的表现，同样也会随着地域的变更、生理疾病等因素而发生重大转变，这主要表现在个人价值观和信仰等方面。可见人格也具有可塑性的一面，正因为如此，才能培养、发展人格。

如果现在有人说你自私，千万不要以为这是不可接受的，因为你确实自私。换句话说，他为什么觉得你自私，那因为他也是自私的。一个人如果习惯从自身角度和利益方面考虑问题，那么必定会与之出现分歧，这也是另一个可能不被接受的自己（自私的一面）。但是人格是可塑的，我们要学会站在他人的立场上看问题，养成习惯后，那么这个不可接受的自己就会渐渐消失。当你在完美人格中重塑自我而收获精神上的满足时，就会充分享受到其中的美好。也许就像故事中的加温一样，当你真诚地愿意牺牲自己的利益，成全别人、尊重别人、理解别人的时候，你就会得到的更多。

渔夫、妻子与金鱼——马斯洛需求理论

在普希金的长篇叙事诗中有一则《渔夫和金鱼的故事》。一个渔夫和他的妻子生活在海边的一个破旧的草棚里面,生活十分拮据,渔夫每天都要到海上捕鱼,以此来维持生活。

有一天,渔夫从早上开始一遍遍地撒网,可怜的是一条鱼都没有捕到,最后只捞上来一条小金鱼。小金鱼祈求渔夫放它回去,只要满足它这个要求,小金鱼会满足渔夫的所有需求。渔夫把小金鱼放了回去,没有提出任何要求。空手而归的渔夫遭到了妻子的责问:"你怎么会一整天连一条鱼都没捕到?"渔夫便将小金鱼的事情告诉了妻子,妻子一听连连训斥渔夫蠢笨:"你干嘛不向它要一个木盆呢?我洗衣服的木盆多旧了!"第二天,渔夫来到海上,开始呼唤小金鱼,小金鱼出现了,渔夫将自己希望得到一个新的木盆的愿望告诉了小金鱼。小金鱼说:"你回去就可以见到新的木盆了。"回到家的渔夫果然看见妻子正在用一个新的木盆洗衣服。

可妻子并没有因此而感到满足,她一边洗衣服一边抱怨说:"你怎么就不知道向它要一座好的房子呢?没见到我们的房子已经又破又旧了吗?"

第二天,渔夫再次在海上呼唤小金鱼,小金鱼出现后,渔夫向它诉说了妻子想要一间新房子的要求,小金鱼听完便说:"你回去后就

可以见到你们的新房子了。"于是到了晚上,渔夫回到家,果然见到一所崭新的大房子,他的妻子就在那房子里面准备晚餐。可是,妻子又说:"我们为什么不是住在宫殿里呢?你去和小金鱼说,我要住宫殿,我要做国王。"

渔夫没有办法,第二天只好再次呼唤小金鱼,小金鱼出现后渔夫便将妻子说的话告诉了它,小金鱼听了摆摆尾巴说:"好吧,你回去吧,会有宫殿和王位的。"这天他回到家后,妻子已经住在富丽堂皇的宫殿里面了,并且已经坐在国王的王位上了。"我想做高高在上的女皇。你再去告诉小金鱼,给我一个女皇的宝座。"

在妻子的训斥下,渔夫又一次唤出了小金鱼,"我的妻子想做女皇"。"她会当上女皇的,你回去就知道了。"小金鱼说。这天,渔夫回到家,妻子已经是高高在上的女皇了,坐在巍峨的宝殿上。这时候她又对渔夫说:"我要做海上的女霸王,要小金鱼来伺候我,听我的吩咐,我要得到任何我想得到的东西。"渔夫经受不住妻子的训斥,无奈之下只好再次回到了海上,呼唤出小金鱼,并把妻子的话说给小金鱼听。小金鱼听完没说一句话,转身就沉入了大海里。渔夫十分沮丧地回来了,发现原来金碧辉煌的宫殿已经消失,一切都恢复到原样,妻子也不再是高高在上的女皇,而是如从前一样坐在破旧的木盆前洗衣服。

心理学中有一个关于人的需求层次的理论,叫马斯洛需求层次理论,这是由美国心理学家马斯洛提出的。他于1943年出版了一部名为《人类动机的理论》的著作,书中他详细阐述了之后被各大商家广泛采用的"人的需求层次理论"。这个理论把人的需求分为五个层次:第一是生理需要,是人类维持生存的最基本要求,其中包括饥、渴、衣、住、性等各方面的需求;第二是安全需要,这一层需要包括自身安全保障、摆脱失业与丧失财产威胁的保障、避免职业病侵袭的保障、解除严酷的监

第二章
探寻另一个"你"

督等;第三是归属感与爱的需要,人际关系的好坏是其中一个方面,获得爱与付出爱、获得自身归属感,等等;第四是被尊重的需要,人们需要有稳定的社会地位、获得社会的认可与赞许、得到他人的尊重等;第五是自我实现的需要,相对前几项这是比较高层次的需要,包括个人的理想与抱负、个人潜能的发挥程度,等等。

马斯洛认为,这五个层次的需求是逐级上升的,尊重与自我的实现均属于高层次的需求,而其他需求则在低层次范围内。当最基本的需求得到满足之后,那么就会寄更多希望于高层次的需求。这就是"马斯洛理论效应",该效应主要揭示出人们在最基础的生理需求之外,还需要得到不同方面的比如声誉、赞赏、尊重等更高层次的、精神领域的认同。

就故事中渔夫的妻子来说,她刚开始要求小金鱼给她一个新的木盆,这只是解决其最基本的需求;要求一所新的房子属于第二层面的安全需求;而当基本需求都已经得到了满足,接着就是更高层面的需要,因为身为女皇是理所应当被众人尊重的,渔夫的妻子是想通过得到女皇的地位来赢得尊重;当这一切都成为现实,心理需求层面便朝着更高层次发展——自我实现,即做海上女霸王。

普希金给这个故事一个一切归零的结局,即渔夫的妻子最后什么都没得到。毕竟这只是一个童话故事,但它向我们反映的却是现实生活的一类原型。根据马斯洛关于人的需求层次的理论,我们不得不承认:人的需求是永无止境的。渔夫妻子的结局似乎在告诫我们:一个人真的不能太贪心了!

读完这则寓言,也许很多人会对渔夫感到同情,对渔夫的妻子的专横和不知满足感到憎恶。这其中也暗含着一种夫妻关系,即丈夫唯唯诺诺,妻子专横跋扈。针对"妻子"的形象,我们可以说她是一个怨天尤人、不断索取的、贪得无厌的女人。根据马斯洛理论,该种行为说得好

听一点是需求无止境，说得难听些就是贪婪。或许当她贫穷时，并不曾发现自己的"贪婪"，也甘愿和渔夫一起过着十分拮据的日子，但当低层次的需求得到满足后，更多更高层次的需求便纷至沓来，其实这时候的妻子才是她真正的面目。

或许我们在谴责她的时候，也会想到自己和自己身边的一些人，在物欲横流的现代社会中，大家都在冠冕堂皇地奋斗着，其实都是在寻求精神上的满足和实现物质上较高层次的欲望。我们可能现在还不能拥有更多，但一旦有机会，便会想尽一切办法攫取，这大概就是住在我们内心深处的另一个自己吧。

当然，一个人如果太轻易满足，就不会有所成就，就不会上进，但什么是合理的追求？这一点在考验着我们的智慧和人格。超出了合理限度的要求就成了贪婪，无理甚至蛮横的要求最终会摧毁一切，任何索取都不能无条件、无限制。

第二章

探寻另一个"你"

不食嗟来之食——高自尊与低自尊

战国时期各诸侯混战,百姓难以过上安宁的日子。当时又祸不单行,天灾不断,眼看老百姓就要失去活路了。当年,齐国发生大面积的旱情,好几个月都不见雨水,土地干裂,庄稼也全部死了。没有了收成,穷人们都饥肠辘辘,很多人靠吞吃树叶、树皮来充饥,吃完树叶、树皮就开始吃草叶、草根,在生死的边缘挣扎。然而,富贵人家的粮仓里却堆积着满满的粮食,丝毫不担心口粮的问题,日日寻欢作乐,挥霍浪费。正所谓"朱门酒肉臭,路有冻死骨"。

黔敖是这众多富人之一,他见到那些被饿得奄奄一息的穷人,心中没有丝毫的怜悯,反而一副洋洋自得、幸灾乐祸的样子。同时,他又以一副救世主的形象出现,将自家的粮食分给他们吃。他把事先做好的窝头摆放在路边,每过来一个穷人,他就将窝头扔出去,像丢弃一件自己毫不在乎的东西一样,嘴里傲慢地叫着:"叫花子们,过来抢吧!"有的时候,会有一群穷人一起过来,为了得到一个可以充饥的窝头而相互争抢。而黔敖就呆在一边,像观看一场精彩的滑稽戏一样笑得前仰后合,得意洋洋地自认为是他们的救世主。

就在这个时候,一个瘦骨嶙峋的贫民走过来,他衣衫褴褛,满头乱蓬蓬的头发,脚上用绳子绑着一双破旧不堪的鞋子,他用衣袖半遮着自己的脸,一步一跌地前行着。实际上他已经好几天没有东西充饥了,身体也快要支撑不住了。黔敖看见这个人,便有意拿出两个窝头,并盛了一碗热汤,朝着那个贫民大喊:"喂!就是你,过来吃吧!"这个走路东倒西歪的贫民心里明白是在叫自己,但是他像没听见一样,继续走自己的路。黔敖见状,再次大叫了一声:"喂,你听见没有!我叫你过来吃呢!"贫民听了,立即站直了身子,瞪大了眼睛对黔敖说:"收起你那些东西吧,我就是饿死,也不吃这种嗟来之食!"

就这样,这位贫民最终饿死在路上。

这是个大家耳熟能详的故事,这个"不食嗟来之食"的贫民最终被活活饿死,但这个故事也成了千古流传的佳话。很多人都很欣赏这种不屈的做法,但也有一些人不以为然,到底是生命更重要,还是那所谓的自尊心更重要?其实每个价值观不同的人都有自己的不同看法。古往今来,自尊不屈的人不在少数,陶渊明曾不为五斗米折腰,李白也说"安能摧眉折腰事权贵,使我不得开心颜",一时一刻的窘迫并不能使他们忘记自己的尊严。

在心理学上,自尊即是自我尊重,既不向他人卑躬屈膝,也不允许他人对自己歧视,这是一种比较健康的良好心理状态。它是个体对其自身社会角色进行自我评价的结果,一般是通过社会比较形成的,它首先表现在自我尊重和自我爱护上,同时也包括要求他人、集体、社会对自己尊重的期望。

自尊有力地影响着人们的期望、行动及对自己与他人的评价。心理学中的众多实验证明,自尊有高自尊和低自尊之分,并且两者面临外界的刺激,包括侮辱、失败等的表现是具有很大差别的。低自尊的人在失败时往往更容易灰心丧气,甚至承认自己是没用的,经常贬低自己。比如,假如你告知一个低自尊的学生:"你这次的月考成绩很糟糕,数学居然不及格。"那么他多半会放弃,不会再做任何的努力来提高成绩,甚至下次月考成绩还会更差。而面对同样的结果，高自尊的人会加倍努力提高成绩，并且不断做着尝试，直到可以证明自己为止。也就是说，高自尊的人很愿意接受他们自己对自身价值推断的有效性，自我认可度也高，通常有很强的自信心，对自己的优缺点也有比较现实的评价。他们期待把事情做好，也乐意去努力尝试。

自尊的人看重的是自己的人格，正所谓"富贵不能淫，贫贱不能移，威武不能屈"。斯特那夫人说："自尊心是一个人品德的基础。若失去了自尊心，一个人的品德就会瓦解。"可见，自尊是一个心理健康的人必备的心理素质之一。"不食嗟来之食"的贫民虽然最终被饿死，但是他为自己赢得了后人的尊重，也是他自我完善的表现。

我们每个人不是生来就有自尊，这是需要在生活、工作、学习中，随着年龄、阅历的增长渐渐形成并加强的。一个人自尊感的形成需要有安全感、归属感、成就感等因素作为基础，同时这些又与其外界环境相关联。培养正确的自尊感，需要正确认识自己的优缺点，向高自尊的人学习，准确认识自己的个人价值，形成较高的自尊感，尊重他人，进而也赢得他人的尊重。

枚和瑜的故事——幸福在克服孤独之后

有一对大学时期的好姐妹,都有很美丽的外貌。大学毕业后凭借良好的学历,各自找到了一份令自己满意的工作,待遇也相当不错。大家都认为这一对姐妹花一定会有一个很美好的未来。

其中一个叫枚的女孩一直很仔细地安排着自己的生活,她认为即使现在是一个人生活,也要让自己的单身生活过得有质量,于是她每天除了正常上下班外,平时还会参加一些兴趣活动,并为自己选修了一门课程。每个月除了生活费以及用来交际的费用,剩下的都存进了自己的银行账户。由于外表美丽,常常会有一些男士邀请她吃饭、约会,但是枚对这些人都没有好感,于是一一拒绝,她并不因为自己的单身而感到孤独寂寞,而是认为在没找到那个托付终身的人之前,千万要保护好自己,不随便搞暧昧关系。

另外一个叫瑜的女孩刚开始工作不久就辞职了,原因是这份工作常常使她感觉压抑和孤独,她想换换工作,也换换环境,时常有新鲜感的刺激就不会觉得生活太乏味。但孤独与压抑并未因此而减轻,她常常会在人群散去后独自流泪,感慨自己的生活为何会如此。一个很偶然的机会,她结识了一些搞音乐的青年,你来我往后渐渐熟悉了,瑜便经常去他们驻唱的酒吧捧场,和他们一起跳舞娱乐,似乎生活变得多姿多彩起来。

第二章
探寻另一个"你"

几年之后,枚和一个知名律师恋爱了,并很快结婚成家。婚后枚有了一个幸福美满的家庭,生活充实而幸福,闲暇时间枚依旧保持自己的兴趣爱好,偶尔也和以前的朋友们叙叙旧。瑜和一些在酒吧认识的男人谈过几场恋爱,最后都不欢而散。后来又和一个音乐人在一起,但是一年后还是分开了。至今,她依旧过着漂泊无依的孤独生活。听说后来加入了一个俱乐部,帮助酗酒者戒酒的那种俱乐部。

每个女孩都是天使,都有权利获得人生的幸福。从故事中枚和瑜不同的人生轨迹,我们不难得出结论:面对孤独如果你不想自己在其中焦虑、沉沦,那就要紧紧抓住幸福的手。没有谁的幸福是靠别人布施的,最终的主动权在于自己的争取。

一个人不怕孤身一人,但是最怕的就是精神上的孤独。因为一个精神孤独的人,即使生活在人群中,依旧会有很深的孤独感。长此以往,还会形成一种孤独的心理状态,甚至造成心理障碍。很难说一个人在什么时候最孤独,但深感孤独的人常常自怜自艾,并觉得周围与之有关系的人都应该为他的孤独负起责任。

心理学认为,孤独的人多半都有或多或少的自卑心理,要想祛除孤独的心理,充实而健康地生活,就必须根除自卑。孤独的人喜欢作茧自缚,用一层又一层的厚茧将自己与外界隔绝,让自己陷入一片漆黑之中。战胜自卑就必须先要冲破这层层的厚茧,为自己设定一个人生目标,并时刻为此而努力生活。让生活充实起来,孤独感就会随之渐渐减轻,一个懂得自己活着是为了什么的人,是不会轻易产生孤独感的。

独孤感不是靠寻求随意的刺激就可以消除的,那样反而会觉得更加孤独,就像故事中的瑜一样。拥有一份高质量的友谊,一群在业余时间可以一起娱乐、一起逛街的人,也是你的情感寄托。懂得自尊自爱,故事中的枚便是一个自尊自爱的女孩,她懂得在没有找到真正的幸福之前要洁身自好，不因一时的孤独感而随意放纵自己。

每个人的灵魂深处都居住着一个叫做孤独的小鬼，并不时地站出来扰乱你的心绪，让你备受煎熬，但那渴望已久的幸福往往就在你拒绝和克服了这种强烈的孤独感之后。谁都不可能陪伴你一辈子，很多人只是生命的过客，更多的时候你还是要自己去面对一些事情的。因此，学会克服孤独才能使生活美好起来，记住幸福不是等来的，而是需要有所准备的。

第三章
是什么让你无法完美

你认为自己是个完美的人吗？或者你一直都在追求着完美吗？但心理学不主张人过分追求完美，因为在这个世界上，完美只是一个相对值，并没有真正意义上的完美。或许你因为自己的出身不如人而自卑，或许你在快节奏的生活中丧失信心，或许你在即将成功的当口儿出现了问题，也或许你在别人的成功面前难以坦然……其实这些都是人类很正常的心理现象，并不是什么缺陷，只要正确对待，及时抽离、改善心境，摆脱这些不健康的心态，你依然可以很快乐地享受生活。只是千万不要过分渴望完美，接受现实中的自己，并努力使自己更加优秀才是正确的做法。

无法选择的是出身——别让自卑压低了你的头颅

伊朗德黑兰东南部的一个村子里面,有一个家境贫寒的铁匠,他有七个子女,为了很好地养育他们,可怜的父亲只好每天不停地工作。其中一个孩子很懂事,他把父亲辛苦劳动的一举一动都看在眼里,并决定帮助父亲减轻负担,七岁那年就成了父亲的助手。每天,他都站在火红的铁炉前,父亲铁锤敲击的声音一直伴随着他度过童年时期。那一声声打铁的声音以及父亲被烤得通红通红的脸,如同那深深的铁印,牢牢地刻在了他的心中。贫穷的岁月在大火中锻造,他的性格也随之坚毅起来。

铁匠后来离开了家乡,带着七个子女搬进了德黑兰南部的一处贫民窟,他想让子女们有更多的机会走出去。不久,父亲就不再让他打铁了,并决定送他去读书,那时家里依旧贫困,有时候吃不饱饭,穿不上衣服,可他知道父亲的良苦用心,于是就更加努力地学习。只在每天放学后拿起铁锤,同父亲一起打铁。

他学习很好,从小学到高中,他都一直努力成为所有同学中最优秀的。他表现也很突出,老师和同学们都没有因为他的家境而瞧不起他,并且还有人夸赞他是"坚强的铁匠之子"。

十九岁那年参加高考,他以全国高考第130名的成绩考进了伊朗科技大学，主修土木工程专业。他是当时学校里最为贫穷的大学生，可他也是最为勤奋的一个。正所谓天道酬勤，他最终在1997年获得了交通运输工程博士学位。在这之前，贫穷的岁月不但没有使他感到自卑，反而塑造了他朴实、善良、平易近人的性格，每年的新年他都会邀请邻居们一起庆贺。

开始上班以后，他依旧保持着俭朴的生活作风，自带午饭。还经常利用空闲时间穿梭在大街小巷，了解百姓的生活，即便是自己的生活也不富裕，还经常塞钱给卖肉的老板，让老板给穷人打折。

2003年4月，他成功担任德黑兰市市长。2005年6月25日，在伊朗总统竞选中，他——一个铁匠的儿子最终高票当选为伊朗新一届总统。

说到这儿，或许大家已经知道他是谁了，没错，他就是艾哈迈迪·内贾德。随之被世界知晓的是他的财产：一套居住了四十年之久，连沙发都没有的老房子；一辆开了接近30年，连车内空调都没有的老爷车；两部电话；两张存款为零的活期存折！世人为之震惊：这些居然就是一个伊朗总统的全部家当！

不可能人人一出生就拥有万贯家产，即使你出生在一个十分富裕的家庭，将来也很可能继承家业，但那终究不是自己的东西。自尊自爱的孩子懂得用自己的双手去获得财富，学会可以养活自己一辈子的本领，而不是靠出身。那些出身贫寒，却成为世界伟人的人比比皆是，或者可以说，正是贫寒的出身使得他们较早地意识到要用自己的双手去创造未来，而不是一直待在安逸中享乐。

正是贫穷的出身造就了内贾德后来的人生之路，因为贫困对于坚强乐观的人来说就是成长的佳境，富裕反而是摧毁他们的恶手。但是，在现实生活中又有多少人在贫穷的出身面前没有自卑过？内贾德没有自卑，所以他最后成功了。假如他像多数人一样感到自卑，也许就没有他后来的人生。

心理学家认为，自卑其实是人类在成长的过程中必不可少的一种心理状态。因为我们每个人的能力都是有限的，不可能处处皆出色，于是在不如人的地方就会感到自卑，这属于正常范围内，也正是因为自卑感才使一个人具有了发愤图强的动力。斯宾诺莎说过："因为痛苦而将自己看得太低便是自卑。"心理学家也指出，适当的自卑感是可以起到激励作用的。但是并不全都如此，更多的人通常会因为自卑而阻碍了正常能力的发挥。自卑感过重的人还会在心中不停地否定自我，长此以往就会形成不良的心理状态。强烈的自卑感甚至还会造成强烈的反抗心理，进而做出伤人伤己的事情。

自卑的人不能体会生活的乐趣，只能一直生活在痛苦和自我折磨中，烦恼、忧郁、抱怨纷至沓来，根本无法相信自己会有成功的一天。贫穷的铁匠儿子内贾德凭什么一步步成为总统？如果他自卑就不可能在生活、学习和工作中拾起兴趣，找到自信，那么他也将终身低着头颅生活。所以，不管你出生在什么样的家庭，有什么样的成长环境，这都决定不了什么，只要你不因自卑而压低头颅，自然会有如沐春风的生活。

今天，"富二代"现象已经在社会上激起广泛的热议，可与之相比的"穷二代"呢？他们的生活不仅显得更加艰辛，而且致富的目标也显得异常渺茫。可是社会中依旧还有那么多这样的人在不停地奋斗着，并不觉得自己比那些"富二代"差到哪去，至少在有生之年，他们是真的为了自己的未来而奋斗过，踏踏实实地流过血汗。事实上，他们中间的大多数最后都过上了自己想要的生活，这就是在出身面前对命运的不屈抗争。

缓慢前行的蜗牛——别急,好好享受你的过程

曾经有一个看破尘世的年轻人,每天都懒洋洋地窝在家里,什么也不做,甚至连吃饭都觉得没劲。俗语说:"人在做,天在看。"于是有一天,上帝终于看不下去了,他找到这个年轻人问他:"瞧你整天这副样子,不知道要为生活而奋斗吗?"年轻人回答说:"我曾经也努力奋斗过,我的努力总是得不到收获,我现在失望了,什么都不想做了。"

"你不想与自己爱的人结婚吗?"年轻人说:"有什么意思,搞不好还要离婚。"上帝接着问:"那你还不如好好工作!"年轻人回答说:"没劲,赚了钱还不是要花掉。"上帝又问:"你可以试着结交一些朋友啊。"年轻人还是一脸无奈:"有什么用,很多朋友到最后都会反目成仇。"上帝看着年轻人什么话也不说了,最后递给他一根绳子,年轻人莫名其妙地问:"这是做什么?"上帝说:"那你干脆上吊吧,反正人到最后都是死,还不如现在就死了省心!"年轻人回答:"但是我还不想死。"上帝笑了说:"其实人生就是一个过程,何必看重结果,重要的是过程。"年轻人恍然大悟。

于是上帝交给年轻人一只蜗牛,让他每天在自己喜欢的任意时间牵着它去散步,算是一个任务吧,年轻人同意了。接下来的几天里,由于蜗牛行动实在是太慢了,年轻人便一直跟在它的后面。一次经过一个花

园的时候，一股浓浓的花香从不远处飘过来，接着，年轻人又看见了美丽的夕阳和灿烂的晚霞，还有落在电线杆上唱歌的小鸟。当家家户户亮起灯火的时候，年轻人从没有这么强烈地愿望，想要走进那温馨的灯光下，享受与爱的人相拥的美好。这个时候，年轻人才明白，上帝不是要我带着蜗牛去散步，而是要蜗牛牵着我去散步啊。

故事里的年轻人过于在乎结果，所以才会在一次次失利面前灰心丧气，最后无所事事。实际上，正如上帝所说，"人生就是一个过程，何必看重结果，重要的是过程"。蜗牛爬得慢，但是它有机会去欣赏途中的美景，体悟这一路的得失美丑。

有一则关于煮茶的小故事。也是一个失意的年轻人，慕名前往一位老僧的住处求道。他说："我的人生总是不顺利、不如意，活着有什么意思呢？"老僧听完年轻人的叹息和抱怨后，命小和尚为他烧一壶温水，并用温水给年轻人沏了一壶茶，并对年轻人说："尝尝吧，这是上好的铁观音。"年轻人觉得这个老僧很是奇怪，怎么喜欢用温水沏茶呢。拿来细细品尝，也品不出一丝铁观音的茶香味。

于是，老僧又叫小和尚去煮了一壶冒着热气的沸水。接着老僧起身将一些铁观音放在一个杯子里，倒进滚烫的开水，年轻人看着茶叶在杯子里上下沉浮，清香缕缕。正想要去端起杯子，却遭到了老僧的阻止。只见老僧又倒进一些沸水，茶叶在杯子里翻腾得更加厉害了，茶香也更加沁人心脾。年轻人发现，老僧在注入开水的时候，每次量都很少，直到第五次注水时杯子才满。这期间，他一直都在认真地看着。最后，当老僧将一杯香气四溢的铁观音茶放在年轻人的手上时，他已经似有所悟。

温水沏茶，茶叶浮在水面上，又怎能散发幽香呢？只有用开水沏茶，茶叶上下浮沉，浸泡开来的茶叶才能彻底散发清香。其实，世间很多事情都是一样的，重要的结果同样需要一个重要的过程，不懂得欣赏过程，就等不到想要的结果。

人生就是一个过程，如果过分在乎结果就会忽略过程。人们常说要活在当下，当下就是你正在从事的事情和你正在结交的人。把你关注的重点集中在这些上面，并一心一意地体验、品味，便是活在当下。活在当下的人很少，他们甚至不去在意未来会怎样，结局会怎样，只是做好现在，充分享受当前每一天里的一切。只有这样才能发现生活、享受生活，从而不会像故事里的年轻人那样觉得什么都没有意思。如果凡事都要想想结果，衡量得失，那就什么都别做了。既然结果如此，何必浪费时间呢？所以，如果你还活着，那么就要好好地活，不要虚度人生中的每一天，抓紧时间快乐，抓紧时间散步，好好享受过程。

那只喜马拉雅山的猴子——幻想出来的障碍

相传在很久以前,一个世世代代都没有人走出去的贫穷小村庄里,有一个古老的部落,住着一个聪明人,人们都称他为"智者",这是一位仙风道骨的老人。一天他忽然向大家宣布:"我已经学会了点石成金的法术,我会帮助村民们摆脱世代的贫困让大家都发财。"

于是每天都有很多很多的人前来拜老人为师,但是老人说:"我不能白白传授法术,想学法术的人必须每人拿出家里最为宝贵的东西作为学费。

消息一经传出,几乎轰动了整个村子,前来讨教的人更多了。大家纷纷拿出了家里最为值钱的东西,并认为只要能发财,牺牲一点也无所谓。当大家都虔诚地交完学费之后,他将所有交了学费的人集合在一起,然后开始念念有词地念起了"咒语"。"智者"没有辜负人们的一片期望,不多一会儿,盖在木桶下面的石块果然变成了金灿灿的黄金。

众人张大了嘴巴,简直不能相信眼前的事实。

从那天开始,"智者"就一直不厌其烦地教授大家咒语,直到大家都能倒背如流为止。在学习结束那天,"智者"笑着看着大家说:"没想到大家学得比我想象的还快,想必大家发财的心很急切啊,能够帮到你们也是我做的一件大好事。不过,学会了这些咒语并不代表你们就可以真的发财。""智者"故意用眼睛扫视了一下人群,然后接着说:"但你们只要记住一点，这咒语就永远有效。"这时人群已经开始骚动不安起来，"那就是你们在念这些咒语的时候，千万不能想到'喜马拉雅山的猴子'，否则别怪我教的不好"。

"不会不会，绝对不会的！"大家异口同声地回答。但是人们心里还是觉得很奇怪，"喜马拉雅山的猴子"和这些咒语有什么关系呢？这个老人还真是奇怪呢，我们怎么会想那些？于是大家开开心心地回家了，一心只想着发财的梦想。

但是，很多很多年过去了，这个村子里始终没有一个人能把木桶中的石头变成金子。任何一个村民都未曾发财，但也没有任何一个人前去质问"智者"，原因是什么呢？

实际上，在大家不停地念咒语的时候，那只"喜马拉雅山的猴子"还是会出现在他们的大脑中，即使再努力不去想，它还是会出现。并且大家都认为，是因为自己没有遵守"智者"的告诫，偏偏总是想起那只可恶的猴子。

假如那位"智者"在最后没有去强调"千万不要想到'喜马拉雅山的猴子'"，谁还会想起那只毫不相干的猴子呢？那么这些村民们最后会不会真的发财呢？

正是因为被"智者"有意做了联系，村民们在念"咒语"的时候才会不由自主地想起"喜马拉雅山的猴子"，于是，"咒语"似乎总是不能生效。可见，越是被禁止的东西，就越是会引起人们的注意。心理学中有一种心理现象叫"禁果效应"。根据《圣经》记载，人类的祖先夏娃曾经被告诫不要去食用智慧树上的果实。但是由于受到好奇心的诱惑，夏娃终究还是偷食了这株神秘树上的果实。被"智者"告诫过的村民们大脑中之所以一直无法挥去"猴子"的影子，其实是"禁果效应"在起作用。

第三章

是什么让你无法完美

在我们每个人的心里都有这么一只"猴子",这虽是幻想中的影子,却大大影响了我们在现实生活中的行为表现。它会在关键时刻跳出来,甚至无时无刻不在侵蚀着你。而我们需要做的就是努力提高警惕,既不要疏忽,更不能过分在意,不去刻意在意的东西就自然而然被忘记了。

另外,这只被幻想出来的"猴子",其实和我们的现实生活是分不开的,它可以是别人一句不经意的话语,也可以是被自己放大了的悲伤或缺陷。

球迷们都知道罗纳尔多,他是球场上的英雄,是一个让所有的后卫都头疼的前锋。因为几乎每一位对手都会被他超强的起动速度、准确的射门以及无时无刻不在的霸气所深深震撼。可却极少有人知道,在此之前他是一个多么糟糕的球员。曾经一度妨碍罗纳尔多的就是他的龅牙,自认为长着龅牙很不好看,担心被人嘲笑,于是为了避免暴露龅牙,罗纳尔多经常紧闭双唇,即便是在场上比赛时也依然如此。一次,罗纳尔多的这一细节被细心的教练发现了,教练把他换下场,拍着他的肩膀说:"罗纳尔多,在球场上你应该忘掉你的龅牙。那并不是你的错,但假如你不张大嘴巴,就无法自由地呼吸。最重要的是,要想让别人不发现你的龅牙,最好的办法并不是闭上你的嘴巴,而是精湛的球技。"

从那之后,罗纳尔多在球场上不再刻意抿嘴掩饰龅牙了,而是张大了嘴巴自由地呼吸。自此他的球技大大进步了,十七岁的时候进入巴西队,和队员们一起赢得了世界杯,他成了世界球王级别的人物,在不满二十岁的时候获得了"世界足球先生"的称号。更值得欣慰的是,罗纳尔多似乎再也没有为龅牙烦恼过,所有人的目光都放在他精湛的球技上,没有谁抓着他的龅牙说事儿,反而还有很多人认为罗纳尔多的龅牙很独特。

如果当初罗纳尔多没有听从教练的劝告,在球场上他或许会一直紧闭着双唇，那么今天足球界就少了一位超级球星，我们也不会知道在他的龅牙下面还隐藏着如此精湛的球技。

所以很多时候，我们需要忘掉自己一些所谓的缺陷，"喜马拉雅山的猴子"以及"龅牙"其实都是我们进步的障碍，无时无刻不在束缚着我们的发展和进步。可这些所谓的"障碍"，实际上只不过是存在于我们心中不可逾越的心理鸿沟，是自己为自己设的限，它们甚至会成为你通往成功路上的瓶颈。然而只要我们肯放下肯忘掉，那些被压制已久的潜能便会迸发出奇迹的火花。

坏情绪在蔓延——踢猫效应

一家公司的董事长在公司例会上向员工们允诺，为了重整公司业务他以后会每天都会早到晚走，希望大家也都开始积极行动起来。但是没多久，一天早晨他看报忘记了时间，眼看就要迟到了。为了避免迟到，他驾车在公路上超速行驶，被警察发现后开了罚单，最后还是晚了。结果到了公司，他为了转移员工们的注意力，也是想发泄心中的怒火，便将销售部门的经理叫到办公室，狠狠地训斥了一顿。原本就没有什么错的经理被这样劈头盖脸地痛批，心中自然愤愤不平，但又不敢当面跟董事长翻脸。

晚上回到家，这位挨批的经理还是一肚子的火，一个人闷不吭声地坐在饭桌上。吃饭的时候，妻子见丈夫一脸不开心的样子，就特意夹菜给丈夫，没想到丈夫非但不领情，还说："我自己没长手啊，夹什么菜，这菜做得越来越不像样了！"妻子见状笑容立刻僵住了，坐在旁边的儿子看在眼里，想帮妈妈解围，于是便撒娇地对妈妈说："妈，给我夹，我要吃那个。"一边说着一边将筷子指向离自己并不远的绿豆角，不料妻子回头就骂了儿子一句："自己没长手啊，要吃自己夹！"而这个时候，窝在儿子脚下的小猫朝他叫了一声，不想竟被儿子狠狠踢了一脚，小猫夹着尾巴就跑出去了。冲出门的小猫刚好遇到马路上迎面开来的一辆轿车，司机看见小猫想调转车头避开，但没想到竟然撞到了路边的孩

子。而开车的人就是那位迟到的董事长。

一般来说，人的情绪是很容易受到环境及一些偶然因素影响的。当一个人的情绪变坏，潜意识里就会选择身边比自己弱的人发泄，甚至是发起更加猛烈的攻击。这样就形成了一条坏情绪的传递链，最终受害的是作为弱者的"猫"，心理学家将这种现象称为"踢猫效应"。

美国洛杉矶的一位心理学家加利·斯梅尔曾经做过这样一个实验。他让自己两个性格完全相反的朋友在一起聊天，一个乐观开朗，生性活泼；另一个多愁善感，常常为了一点小事就郁郁寡欢，愁肠百结。一个小时后，当加利·斯梅尔加入他们的谈话时，竟然发现那个乐观开朗的朋友已经开始唉声叹气起来了。由此可见，坏情绪的传递就像是一根可怕的链条。如果我们一遇上不开心的事情，就不加选择地向自己的家人和朋友发泄，不仅会将不好的情绪传递过去，给他们带来困扰与伤害，还严重影响彼此关系的和睦。

可见，坏情绪比好情绪更加容易传递。不良的、消极的情绪，如果不及时加以控制，很容易影响周围的人，给别人也带去消极心态。所以，千万别做坏情绪的传递者，控制好自己的情绪。真诚、友善地对待你身边的人，你周围的人眉开眼笑了，你也会在不知不觉中受到感染，或许你的坏情绪很快就不见了。

第三章
是什么让你无法完美

小虾，勇敢向前冲！——克服逃避心理

小虾在水中游玩，没想到受到了泥鳅的欺辱，受到了欺辱的小虾感觉十分郁闷。自此以后就每天都躲在家里，再也不敢出门了。那侮辱简直让小虾的心理备受煎熬，想反抗却觉得自己无能为力，心想在家里待着泥鳅总不会找上门来吧。

几天之后，小虾的爸爸给了它一些零用钱，并告诉它海滩上正举行着盛大的游乐会，希望小虾去感受一下欢乐气氛，还可以用这些钱去买一些好吃的点心。小虾很开心地接过钱，最终只在家门口转了一圈就回来了，还借口说自己不舒服，不喜欢热闹，然后就躲在房间里睡起觉来。

又是好几天过去了，小虾依旧整天躲在家里，妈妈觉得小虾很奇怪，和爸爸商量后决定一探究竟。

"小虾啊，你是不是生病了？怎么都不出门玩耍了？"爸爸关切地问。

"不是啊，就是很困，想在家里睡觉。"小虾吞吞吐吐。

"那就更加应该出门透透气了，老是这样会憋出病来的。"妈妈接着说。

为了不让父母起疑心，小虾硬着头皮来到了游乐场。泥鳅很快就出现在小虾的面前。"真是阴魂不散啊！"小虾很厌恶地想，转身很快跑回了家。

回到家后的小虾发现爸爸正在盯着自己,小虾这才意识到自己刚才因为过于紧张和害怕,身体还在发抖。"怎么了?在害怕什么?"爸爸询问。"我……只是在和朋友做游戏。"小虾生怕被爸爸发现。

此时屋外响起了泥鳅的叫喊声:"胆小鬼,快给我出来!"

爸爸突然从门后拿出一根棍棒说:"出去勇敢地面对泥鳅,否则就在家里挨棍子。"

就在小虾犹豫不决的时候,爸爸一狠心一棍子打在了小虾的屁股上,那种痛楚比挨泥鳅的侮辱还要厉害,并比它和伙伴们打架的时候挨过的拳头不知道要强烈多少倍。于是小虾猛地冲出了门,对着正在洋洋自得的泥鳅就是几记重重的拳头,由于出乎意料泥鳅被揍得鼻青脸肿,最后只好狼狈地逃走了。

这是一则让人思忖良久的寓言故事。小虾在被欺辱的现实面前选择了逃避,而在爸爸的鼓励和逼迫下,勇敢地走出家门,跟一直胁迫自己的泥鳅打了场胜仗。逃避解决不了问题,只会让对手更加张狂,最为明智的选择就是勇敢地与之对决。

在心理学中,不想去面对遇到的事情,而是选择消极的方式来躲开矛盾与直接冲突就是逃避。这是一种怯懦的表现,实质上它根本解决不了问题,反而还会加剧事态的严重性。选择逃避的人很可能是因为感觉自己不如他人,没有抵抗的能力,或者是因为害怕正面解决冲突。然而采取这种方式往往最终受害的还是自己。

在我们的现实生活中,谁也不能预料即将要发生的事情,生活也不是尽善尽美,每时每刻都有不同的问题出现,因此,逃避是不负责任的做法。俗语说"逃得了初一,逃不了十五",很多事情迟早要面对,与其逃避累积倒不如来一件解决一件。否则,那些挑战会成为压得你喘不过气来的巨大压力，使你负重前行，永远无法摆脱其阴影。

　　人人都希望自己是出色的，在现实面前总是很难坦承自己的不足。即便是面对他人的挑衅、现实的打击，也不愿做没有足够把握的事情，甚至在遇到困难的时候，选择以躲开风头的方式"解决"问题。心理专家称，一个适应性好或心理健康的人，会在问题面前抱以"解决"的心态面对挑战，而不是逃避问题抱怨连连。

　　有一则小故事。一个住在楼下的人，一天晚上被楼上掉落在地板上的一只鞋子所惊扰，那声音使他内心不得安宁。但是真正使他不得安宁的，却并非是掉落在地板上的这只鞋子，而是另外一只，不知道会在什么时候掉落下来的鞋子所带来的惶恐和烦躁使他彻夜难眠。

　　确实如此，当我们消极地选择忍受和逃避的时候，等待着我们的是无法预知的将来，那样的"等待"过程令人不安和惶恐，而那最终被等来的"结果"往往更加令人沮丧透顶。假如我们可以正确地看待自己，接纳不完美的自己，养成对自己、对事情负责任的习惯，那么我们就可以充分享受这世界的美好。一个个被解决掉的问题会使你一身轻松，更加勇敢地迎接挑战。

文字控的蔓延心绪——请远离伤感与压抑

她是一个毕业于文学专业的姑娘,初入社会之时,她觉得神奇而美好,简单单纯的她却不知这个社会的复杂。而当她似乎"无缘无故"地遭受了过多的生活打击,见识了许许多多的黑暗面之后,她绝望了。

于是打开网络,最近已经不再流行什么博客,而是漫天飞舞的"微博"及"微博转发"。她想或许在微博里谁都不认识我。于是她开通了自己的微博,并每天按时在那上面写自己的文字,伤感而意味深长的文字。

"刚开始,我以为一切都很美好。但当黑云压过我的头颅,覆盖了整个苍穹;阴冷蔓延我的身体,蜿蜒延伸。这时才知道,原来我的头顶上是一片无可救药的黑暗和无情。"

"夜空很美,却美得令人伤心、痛心。我终于睡了一觉,醒来却是黑夜。这无梦的一觉,居然叫我伤感,仿佛我失去的就连梦里也不再拥有了。凄凄迷迷,我在夜风中哭泣,像有节奏的节拍,不停地敲击着我的心,我的小小信念。他说过他什么都不介意,到最后却什么都介意,就像此刻的我,开始介意这浑浊的天地。"

"轰隆的响声,被侵袭的未知,又是一声响,不知什么被瓦解了。我看见不远处的大山,在云朵的尽头若隐若现,黑影笼罩下去,让壮阔与强大消逝在沉郁里。我的青春姿态蔓延,如同藤蔓一样的身体在穿梭。"

第三章
是什么让你无法完美

"今晚的风很大,像只猛兽一样嘶吼暴怒,像是要把地面上的一切未知之物洗刷干净,凶猛地扑向她和她眼前的世界,即将毁灭,忘掉了自己。但是,总有一个人活在心底,却永远消失在生活里。我深知早已沉醉,任凭灵魂高飞,然后坠毁。"

……

当这些文字被一些网友读到之后,大家也转发很多次,许多深有同感的人表示很压抑,作者也曾经写过如此压抑的文字表达对现实的不满和绝望。但这些最终是会过去的,如今回过头来想想,真的很感谢这个社会,因为它教会了我如何更好地生活,如何更坚强地面对爱人的失去。

一颗受到压抑的心,不管怎样都是活跃不起来的。压抑是这个社会较为普遍的一种病态心理现象。心理学家也曾指出,一个人受到挫折之后,不是把变化了的思想和情感释放出来,而是将它们压抑在心头,更不愿承认烦恼的存在,这种表现就是压抑。压抑有时候可以起到暂时消减焦虑的作用,但不能彻底,时间一长会形成一种潜意识,从而使人的行为和状态呈现为消极和古怪。

在压抑的作用下,性格内向的人不是积极地调节自身与外界矛盾的关系,而是选择退缩和回避,尤其是以退回自我的主观世界为主,只能依靠自我控制和自我约束求得心灵上的慰藉与安宁。然而回避矛盾不是解决矛盾,只要矛盾还存在一天,个体就体验不到所谓的愉悦,当这种情感与日俱增,消沉心理也就越发凸显,导致自我感觉极差。

另外,受挫的情感与思想被压制在心底,时间会渐渐使它们衍化成潜意识,支配着个体的需求与动机。无论在什么场合下,由于对自己的情绪、思想以及行为加以过分压制,结果反而会做出一些异常的行为。可见,生活在当今钢筋水泥铸就的城市里,压抑几乎成为了都市人的通病，它存在于社会各个年龄和阶层的人群中。由于在现实中受挫，继而自我封闭、沮丧、消沉、孤僻起来，专注在自己的情感世界中用自己特殊的方式发泄并祭奠着。上文中所选的文字片段就是一个受挫的文字控对自己生活的真实袒露。

压抑不可取，我们必须努力克服。首先，应该做到的是直面社会现实。既然有白天和黑夜，为什么就不能让黑暗和光明共存呢？任何事物都有两面，不可能完美无瑕。你要明白这世上有好人，就必然有坏人。

其次，准确认识自己。有句话说得好"当你不能改变环境的时候，那就努力去适应环境"。我们很重要，但又不重要，因为地球不会因为任何一个人而停止转动。你是一个什么样的人，完全取决于你自身，没必要整天自怨自艾，活在对世界的不满和抱怨之中。有时间还不如想想如何能让自己的优势，在这个原本不被你看好的社会中真正发挥出来。

第三，远离那些伤感忧郁的文字，多阅读哲理性的读物。比如名人传记，看看那些成功的人是怎样在困境和挫折面前超越自己的哀伤的，体悟那份来自灵魂深处的坚强。也许你会从中找到自己的影子，由此重拾信心，快乐地面对现实生活。

第四，积极投入到一份富有建设性的工作中去。当压抑导致你懒于打理事情，甚至开始厌倦一成不变的生活时，不妨逼自己一把，及时地将自己丢进一份富有创造性的工作中去。比如尝试自己以前从未尝试过的手工织物、打台球，等等。这样就可转移注意力，分散内心的压抑情绪，也会渐渐找回原来的生活动力。

第五，从事一项体育锻炼。英国教育家斯宾说过，健康的人格源自健康的身体。同时，科学家也认为，呼吸性的体育锻炼，譬如跑步、游泳、骑单车等，会让人在出汗和大口呼吸之后倍感自信，精力也更

加充沛。

　　最后,与自然为伴。自然界永远是你最清新的朋友,压抑的人面朝大海,心胸会在瞬间开阔,一切都将在瞬间烟消云散。

孤独"圣"女郎——完美主义者的悲哀

一个背着破旧不堪包袱的老人，脚踩着旧鞋，满脸风霜地出现在众人面前，人们一看就知道这是一位远途旅行的老人。老人虽然外表不太整洁，眼睛却分外的明亮，无时无刻不在细心地观察着来来往往的人群。正是老人这样的外貌和极为不相称的双眼，将大家深深地吸引住了。大家窃窃私语，感觉这位老人一定不是一位普通的旅行者。

一天，一群好奇的青年人忍不住询问老人："您是在寻找什么吗？您究竟想寻找什么呢？"

"当我还是你们这个年龄的时候，我想寻找的是一个完美的男人，并嫁给他为人妇。于是我从自己的家乡开始寻找，走过一个村庄又一个村庄，一座城市又一座城市，但一直到现在我依旧一无所获。"老人看着眼前的几个年轻孩子说。

"那么请问您找了多少年了？"其中一个青年问。

"大概六十余年了。"老人回答说。

"真是不可思议，难道在这六十年的时间里您都没遇见过一个完美的男子吗？还是说这个世界上根本就不存在完美的人呢？"

"有，我找到过。我在三十年前就找到过！"老人说着脸上的欣喜随即变得暗淡了。

"那么，您为什么不愿嫁给他为妻呢？"

第三章

是什么让你无法完美

"三十年前的那个早晨，处处都充满了晨曦的味道。我遇到了一个清秀的男子，白净的皮肤，两只眼睛深邃而令人着迷，我看得简直无法自拔。他潇洒幽默、温和善良、细腻体贴，在晨曦中，他的轮廓分外的明朗。那是我生平第一次，也是最后一次见过的最美的风景……"老人已经不知不觉地沉醉在自己美好的回忆中。

"可是，可是您怎么没有嫁给他呢？"

"因为……因为他同我一样，在寻找这个世界上最完美的女人。"老人淌下了忧伤的眼泪。

完美主义者的心中一直都有一个追求标准——完美。这促使他们不管在什么时候都会朝着这个完美的目标努力，但是完美在他们的心中并不是一般人所说的完美，而是十分的精确细致，几乎到了吹毛求疵的地步，哪怕是一个小小的不完美的细节都会瞬间打破整体。这则故事中的老人终其一生都在寻找一个完美的人做丈夫，但事实上，她耗尽了一生的时光最终也没有找到。而途中相遇的那个所谓的完美的男人，他们本该结合在一起，但遗憾的是，他同样也在寻找一个完美的女人。或许在这个世界上根本就不存在完美的男人和女人，任何完美的事物都是不存在的，可还是有那么多的人抱着完美的态度，在寻找的征途上耗费青春。

通常追求完美的人，或许基于自身良好的条件而无法接受别人对自己的忽略。他们在为人处事、工作、生活、学习等各个方面都要求完美，不能容忍任何一点点瑕疵，带有强烈的批判精神，在旁人的眼里甚至到了夸张的地步。另外，完美主义者对身边的人也有极高的要求，否则就觉得不可接受。虽然我们并不否定很多追求完美的人，在事业、家庭等方面通过自己的努力，确实获得比普通人更高的质量，取得的成就也似乎卓越不凡。但因为过分追求完美，因而伤害了身边的很多人，同样也伤害了自己。

生活中的完美主义者对众人的批评有着惊人的警惕性和敏感性，也很容易陷入两个极端。要么就是对于批评显得过度敏感，要么就是神经质地加以自我控制。他们甚至会为了赢得众人的好评而十分专心地去从事一项工作，以便得到认同。因为自身有着极高的价值感，因此对于很多事情他们都有自己的价值观，通常也都是较为公正的。

而实际上，完美主义者往往有着比其他人更多的烦恼，只因在每一个细节上都过分计较，身心得不到愉悦，生活常常处于神经紧绷的状态，错过的美景也可想而知。

通过故事中老人的经历，我们也许会有所感悟。追求完美无可厚非，可若过分较真就会失去许多珍贵的东西，譬如爱情。曾经有一个患有洁癖的人，每上一次厕所都要洗澡，并冲洗马桶。后来为了减少上厕所的次数，他索性好几天都不吃不喝，以便减轻因上厕所带来的心理障碍和精神上的压迫感。事实上，一个在精神上过度追求完美的人，多半最终都以自杀结束人生。

因此，完美主义者需要在生活中适时放松自己，太高的要求往往会把自己压得喘不过气来，矫正完美主义倾向，追求适当合理的目标，才是幸福人生的正道。首先，不妨重新认识一下自己，并再次准确评估自己的潜能，为自己确立一个较为实际的追求目标，既不超出实际，也不过于谦卑；其次，有必要分清楚"失败"和"瑕疵"之间的异同，或许你正走在通往成功的路上，途中不管你遇到什么样的挫折和打击，都不是最终的失败，要坚信这一点，而瑕疵似乎细致到每一个微乎其微的细节，我们可以允许，但那不代表失败，不要过分在意，尽力做到的就是最好的；最后，一个切合实际的阶段性目标会指引着你更有效率地前进，所以，为自己制定一个符合自身实际能力，又符合现状的目标吧！

第三章
是什么让你无法完美

人的一生是短暂的,世间的事物也不可能是完美的,追求完美往往会耗费你大量的青春时光。在事业、爱情、亲情、友情面前,我们都不是圣人,遇到值得抓住、值得珍惜的机遇时,不要因为"不完美"而错过。

第四章
做自己的救赎者

　　如果一个人的心里有太多的负担，那他看起来就会比较沉重和闷闷不乐。一个简单快乐的人多半都是幸福并且知足的，而一个心事重重的人往往相反，因此，心的重量决定了你的生活质量。把心上的累赘摘下，才能轻松微笑，这需要有一种健康的心理，健康的心理是积极的，是在任何时候都有希望，是在关键的时候懂得取舍并且依旧怡然自得，是即使失去了也愿意接受并重新开始……假如你是一个"心重"的人，那就看看下面的小故事吧，在品味故事的同时解读健康心理，让自己成为自己的救赎者吧！

将死神拒之门外的力量——希望

在茫茫的大漠上，有两个迷路的探险者，水壶里的水早已喝完，两个人已经有很长一段时间没有喝水了，嘴唇也因此出现了一道道的裂口，渗出鲜血来。

"如果我们继续这样下去，必将死在这里。"较为年长的探险者想。于是他从同伴的腰间取下另一把水壶，并对他说："我去找水，你就在这里等我回来！"接着从行囊中取出一把装有子弹的手枪交给同伴说："这里有六颗子弹，每过一个时辰你就朝天空放一枪，循着你的枪声，我就能找到回来的方向了，我找到水后一定马上回来！千万要记住了！"

看到同伴认真地点点头，年长的探险者才蹒跚着上路了。

那个比较年轻的探险者在同伴走了之后越发感觉无望，虽然他谨记着同伴对他的嘱咐，每隔一个时辰放一枪。可是时间在悄悄地流逝，眼看就要到放出最后一颗子弹的时候了，前去找水的同伴依旧没有出现。他似乎在瞬间感觉到幻灭，他想同伴一定不会再回来了，或许他已经被风沙淹没了，又或者他找到水源之后就自己离开了。时间在一秒一秒地滑过，对于一个内心渐渐陷入绝望的人来说，分分秒秒都是折磨，饥渴、恐惧、绝望像魔鬼一样紧紧纠缠着他。就在某一瞬间，他感到了死神的降临，并恶狠狠地将他一点点地拖向另一个地方……

忽然他扣动了扳机，将最后一颗子弹放出去了，这一次不是朝向天空，

第四章

做自己的救赎者

而是他自己的脑袋。

年轻的探险者轰然倒下了,仿佛也解脱了。而在这个时候,年长的探险者带着两壶满满的清水赶了回来,他看着年轻伙伴的尸体悲痛万分,惋惜不已。数分钟之后,他猛地抬起头,喝了一大口水,接着马不停蹄地继续向前赶路。一路上他咬紧了牙关,誓死走出这片荒漠。死神也曾一次次地降临过,但都被他狠狠地赶了回去。最终,坚韧的力量在一次次与死神的对抗中获胜,他成功地走出了大漠,并被人救起送进医院。当他被救起时浑身瘫软,可唯独还死死地咬着牙关。医生说他的存活简直是个奇迹。

年轻的探险者无疑是不幸的,在困境面前他选择了放弃生命。其实在人生的道路上,很多时候我们都必须咬紧牙关直至最后一刻,就像故事中年长的探险者一样,咬紧了牙关就连死神都对他敬而远之。但是,是什么力量让一个濒临死亡的人依旧死死咬住牙关呢?大漠上年长的探险者之所以在最后时刻依然咬紧牙关,或许就是因为他对生命还存有希望,他比年轻的探险者更加懂得珍惜来之不易的生命。

有一则寓言故事。一群骆驼在大漠上长途跋涉,为了寻找到期望中的那一片绿色。大家一连行走了好几个日日夜夜,而行囊中的水也渐渐没有了。即便是沙漠之舟的骆驼,终究也不能长期缺水,否则会要了它们的性命。毒辣辣的太阳炙烤着大漠,骆驼们已经口干舌燥了。这时,一只领队的老骆驼从它的背上解下一桶水,并对大家说:"现在只剩这一桶水了,要等我们到了最后一刻的时候才能喝,否则大家都会没命的。"大家听后又重新燃起了希望,在大漠中这桶水成为了骆驼们穿越沙漠的信心源泉。

骆驼们继续努力前行着,每当觉得无法忍耐的时候就想起那桶沉甸甸的水，这桶水似乎成了唯一鞭策它们前进的动力。可是天气依旧炎热，很多骆驼开始忍受不了，"大爷，求你了，让我喝一口吧，我真的支撑不住了！""坚决不行！你们还可以坚持的，相信自己！"老骆驼很严厉地说。就这样在老骆驼的带领下，大家走过了很长很长的一段路程，那桶水一直是大家的信念和希望。有一天，老骆驼不见了，只有那桶水还在，旁边的地面上写着一行字："我不行了，这桶水留给你们，但在走出沙漠之前，谁也不能喝，这是我最后给你们的命令。"

又是一段艰辛的路途，骆驼们艰难地抑制着内心的焦灼，沉沉的水桶在每只骆驼的手里传递着，大家都谨记着，这是老骆驼用自己的生命留下来的水，谁也没有打开喝一口。后来，骆驼们一步步跨越了死亡线，顽强地穿越了沙漠，欢呼之余想起那桶水，打开桶盖，大家看见的只是一桶沙子。

一桶装着沙子的"水"成为了骆驼们成功穿越沙漠的希望，假如没有它就没有了希望，这也是老骆驼的一片苦心。希望是前进的动力，也是生命永不枯竭的源泉。希望是支撑生命的基础，它也许并没有多么宏伟，可以是小小的满足和欢乐。就像你期待已久的一场雨的降临，或者你栽种的一朵小小的太阳花，在你的精心照料下终于开出了花朵……

简单的希望铸就的恰恰是牢固的信念。当你面临绝境的时候，只要希望和信念还在，便不至于那么绝望。轻易就放弃的不是你最爱最珍惜的，若是最爱的就要把握最后一线机会去珍惜。

关键时刻的选择——奥卡姆剃刀定律的哲思

从前有一位老人以砍柴为生，他和其他的樵夫一样，前一天到山上砍柴，第二天大清早担着干柴到集市上去卖。生活虽不富裕，但还可以勉强维持一家人的生活。

一天，樵夫像往常一样上山砍柴，这次他决定砍一棵粗壮的大树，因为大树的柴多，可以卖到更多的钱。他把斧头和锯子都用上了，累了就休息一会。但随着天色渐渐暗下来，时间已经不多了，他不仅要将树砍倒，还要把它运回家劈成短柴才能卖出去。为了节省时间，樵夫没有再休息，即使很累很累了还是坚持着一直埋头砍树，眼看就要成功了，大树却忽然之间倒了下来，不偏不倚地砸在樵夫的腿上，鲜血大股大股地向外涌出。

樵夫瞬间傻了眼，怎么办？如果不回家及时就诊，很可能就会因失血而死，但是看着眼前的大树，想象着成堆成堆的干柴，樵夫有点不甘心。最终，樵夫还是决定抽出压在大树底下的腿回家，可是不管他如何努力，腿就是抽不出来，无奈之下他大声喊人求救，可是却无人回应。这时天色已晚，山上的其他人早已下山回家了，而这里又是山林深处，十几里地之内都没有人家。

樵夫几乎陷进绝望的境地，忽然间他看见了身边的斧子，那是他用来砍树的斧子，于是他拿起斧子，朝自己那条被压住的腿上狠狠一砍，钻心的疼痛几乎令他窒息，但强烈的求生意识告诉他不能就此倒下。用衣服包好伤口后，樵夫迅速朝山下爬去，寻找最近的人家。

樵夫的命保住了，这是他用一条腿换来的。医生说，假如当时他没有砍掉那条腿，恐怕性命就不保了。人生在世，还有什么比自己的生命更加宝贵、更加美好的东西呢？

我们同样也会面临类似的艰难选择，想象一下，如果你是那位樵夫该何去何从呢？生命中，舍弃一样喜欢的东西，放弃一个爱的人，失去一份多年的友情……大家都会有痛彻骨髓的感受。可究竟孰轻孰重，当务之急应果敢决绝，与其前思后想犹豫不决，不如将眼光放得长远一些就能很快斩断烦恼丝，痛也不再那么痛，疼也就不再那么疼。

有这样一个问题，当以下三种情形发生时，你应如何选择。即你正在厨房做饭的时候，锅里的水开了，你正准备处理时电话铃响了，同时你又看见刚刚牙牙学语的孩子摔倒在地，正哇哇大哭。任何人都要在这三者中分出先后顺序，选择一个最先需要做的事。很多人做出了不同的选择，而心理学家给出的最为智慧的答案是：先去关煤气，因为煤气是最容易威胁生命的，剩下的事情在时间上都是允许宽限的。

生活中，我们常常都会面临选择，左思右想烦恼横生。故事中的樵夫是个聪明的人，在关键时刻择重而弃次，一条腿与性命相比自然是性命重要，因为一旦没有了性命，留着一条腿也没有用。这就提醒我们分清主次，在关键时候做出正确的选择。

心理学中有一种心理现象叫"奥卡姆剃刀"定律，是英国人奥卡姆的威廉提出的。他承认那些确实存在的东西，而空洞无物的普遍性很明显都是毫无用处的，应当被无情地"剔除"。后来人们把他所主张的"思维经济原则"概括总结为"如无必要，勿增实体"。现实生活中那些多出来的东西未必就是有益处的，复杂的东西也未必就是好的，当感到累

赘的时候要毫不留情地将其"剔除"出去，变复杂为简单。

这就告诉我们要抓住简单的、珍惜重要的、把握关键的，而那些繁琐的、可有可无的、次要的就让它们自生自灭吧。每一个人都应该学会放弃些什么，因为放弃有的时候是为了别人或自己更好地得到。

勇敢地接受吧——拒绝约拿情结

在《圣经》的记载里，约拿是亚米太的儿子，是一名虔诚的基督教徒。他一直期待着自己有一天能够被耶和华神重用，那样他就可以充分展示自己过人的才华了，或许从此以后自己的前途也将无量。

一天，耶和华神果真给他下达了一个神圣的使命，以神的旨意宣布赦免一座罪恶之城的毁灭性惩罚，这座城叫尼尼微城。但面对这梦寐以求的使命约拿开始害怕了，反复思量之后，约拿最终选择乘船逃走。

后来，耶和华神前去寻找他并惩戒了他，还让一条大鱼生吞了他。经过反复唤醒和犹豫不决之后约拿终究悔改，答应去完成自己的使命。

耶和华神的使命是一项神圣而崇高的使命，也是约拿最期待、最想要的。可是当耶和华神真的给了他施展才华的机会的时候，约拿竟然退缩了。这是源于内心深刻的自卑，畏惧向往已久的事情。也就是说，一个人的理想一旦成为现实，他的畏惧心理也就随之产生了，最希望的往往到最后会成为最害怕的。

1966年美国心理学家马斯洛进行深入研究，发现人类普遍存在一种心理：极容易在面对自己时，出现逃避成长、执迷不悔、拒绝担当伟大使命等心理及行为表现。在面对他人时，如果对方比自己优秀，嫉妒

第四章
做自己的救赎者

多于羡慕；别人比自己差，就会打心底里自得快乐。心理学家马斯洛便借用圣经中约拿的名字称之为"约拿情结"。并认为约拿在荣誉面前恐惧是因为担心自己不行，刻意回避即将到来的成功，所以"约拿情结"又可以用来指称那些渴望成长，却又因为某些内在阻碍而惧怕成长的人的一种心理现象。

心理学家分析说，人们常常会出现一种叫做"健康无意识"的心理机制。也就是说人们不但会压制那些可怕的、危险的、可憎的冲动，往往也会压制一些美好的、崇高的冲动。

因此，约拿情结实质上也是一种自我抑制行为，是自我实现的心理障碍因素。

每个人都渴望成长，提高自我，并在日常生活和工作中实现自我价值，为梦想发挥最大潜能之后，充分享受收获的满足感和成就感。但实际上，很多人都无法完成实现自我价值的梦想，并且始终不能充分表现并面对自己。而"约拿情结"正是阻碍我们实现自我的障碍之一，它往往导致我们没有勇气去做本来可以做得很好的事情，甚至去逃避，不愿去挖掘潜能，这主要表现在缺乏自信心与上进心等方面。

其实，人们的本性是追求成长，渴望自我实现的。内心充满了这种冲动，在这种冲动的作用下，我们大胆地追求自我，为目标和理想而奋斗，希望把最优秀、最完美的一面表现出来，得到大家的认可。但遗憾的是现实告诉我们，表现自我并不能得到欢迎，还是把真实的自己伪装起来比较好。于是我们渐渐像变色龙一样穿上了变色外衣，为迎合大众隐藏起自己的个性，为防止冒犯别人而过分压制自己。我们往往在自以为很成熟的日子里回想，莫名奇妙地觉得当初的自己怎么那样天真可笑，那样轻易地就去相信一个人……现在，绝对不会了。其实不是你成熟了，而是你的"约拿情结"在岁月的打磨中越发严重了。

都说人要学会适应环境，如果改变不了环境那就改变自己，这是多么智慧的一句话。但为了求得认可，人们不惜去掉自己身上本有的刺，抹杀自己的个性，也未必是一件好事儿。事实是，即便你褪去了身上所有的刺，也不一定会得到认可获得成功。那些真正成功的人，之所以成功就在于他们在内在的本性和外在的环境发生冲突时，不会选择向强大的、无处不在的社会力量无原则地妥协，不会过分地温顺谦恭被动服从，更加不会放弃自己，而是以自己的方式去解决冲突，并始终坚持自己的理想和信念，如此，才会取得不同于常人的不凡成功。

　　人类从出生到老去，成长是一个必经的过程，也是人的本性，只是每个人的成长方式不同，最终生成的状态也不一样。若想健康快乐地生活，并发挥自身潜能，实现自我价值，那就冲破自己的心理阻碍吧！

第四章
做自己的救赎者

合理安慰自己——酸葡萄效应

　　已经是中午时分了，一只狐狸空着肚子游荡在一片空旷的草地上。实在饿得不行了，他想找点什么来吃呢？于是狐狸加快了脚步，朝前面的一个小村庄走去。不一会儿，他便来到了一个院子的前面，狐狸趴在墙头上，看见里面有一架葡萄，枝叶繁茂，下面是一串串绿色的大葡萄，也有紫色的，紫色的像是透明的玛瑙，看上去很是诱人。

　　狐狸看着看着，不禁流出了口水。于是他翻过墙头，很快就站在了葡萄架下。但是那高高的葡萄架仿佛在天上一般，狐狸够不着，不管他怎么跳怎么使劲，始终都无法够到那诱人的大葡萄。这时，狐狸的肚子又在咕咕叫了，"最后试一次，不行就算了！"于是狐狸攒足了力气，猛地向上一跃，结果还是没能够到葡萄。"哎！还是算了，这些葡萄本来就不是给我吃的，不属于我的东西，吃不上也不可惜。"

　　于是狐狸笑着走开了，一边走嘴里还一边念叨着："这葡萄肯定太酸了，看起来还不错，吃到嘴里一定酸掉牙！那绿色的说不定还没熟呢，紫色的谁知道是不是催熟的？现在送给我吃，我都不要了！哼！"这样，狐狸开心地爬上墙头，溜出去了。

　　狐狸的这种心理安慰法后来被引入心理学，被心理学家概括为"酸葡萄效应"。它指的是当一个人的需求不能得到满足而产生挫败感时，为了缓解心理上的负面情绪，维持自尊，故意编造出一些自我安慰的理由，以此来减轻或消除精神上的紧迫感和挫败感，这种方法也叫"精神胜利法"。

每个人都有自己想要追求的东西，但他们或许无法全部都得到，为了淡化内心因得不到而产生的失落感，我们也可以像狐狸一样为自己找一个冠冕堂皇的"借口"。比如一个相貌平平的人自我解嘲地说："谁做我的女朋友都会有安全感！"一个智力一般没有特殊才能的人，可以安慰自己说："憨人有憨福，傻人有傻乐。"

一次，美国前总统罗斯福家中被小偷盗取了很多值钱的东西。好友闻讯赶紧写信安慰他，但是罗斯福反倒安慰起朋友来了。他回信说："我亲爱的朋友，感谢你的安慰，我现在很好，感谢生活。因为首先，盗贼偷去的是我的东西，并非是我的性命；其次，盗贼偷去的只是部分值钱的东西，却不是全部；最后，我还很庆幸，那个做盗贼的是别人，而不是我自己。"拥有了这种豁达的心境，还有什么值得忧愁的呢？所以，对于一个豁达、知足常乐的人来说，任何"得不到"和"失去"都不算什么，因为他懂得运用这种"酸葡萄效应"的原理来平衡自己的心境，产生良好的自我安慰效果。

所以，既然我们都知道生活中很多美好的东西是得不到的，不是所有的梦想最终都可以实现，谁都不能拥有最好的一切，那么"酸葡萄效应"会帮你达到自我安慰的效果，帮助你消除情绪上的挫败感。但是这种安慰要适当，过度的自我解嘲、自我安慰只会打消进取的欲望，最后很可能与鲁迅先生笔下的阿Q无异了。

选择"0"的人——空杯心态

一天，上帝将0~9十个数字摆出来，分别让十个人选出一个自认为对自己最有用的数字。于是大家纷纷上前选择，很快每个数字就有了自己的主人。一些比较聪明的人争先把9、8、7、6等数字据为己有，之后剩下的数字也都逐个被选走了，选到2和1的人都说自己的运气不好。而有一个人却心甘情愿地选择了0，并且一点都不沮丧。

后来有个人问他："你傻啊，怎么选0呢？当时不是还有一个3么？"

"对啊，你要一个0干嘛呢？"有人也为他感到不值。

"我要从0开始啊！"他笑着说。

于是，他就真的从0开始干起来，孜孜不倦，不辞劳苦。当拥有1的时候，因为他已经有了0，于是1便成了10；当他获得5的时候，因为有了0，于是5便成了50……就这样，他的收获一直在十倍十倍地增长着。终于有一天，他成了最富有的人，在事业和家庭上也是最成功的人。

心理学中的空杯心态指的是一个人在思想观念的支配下，为人处世的态度以及心理状态的总和，也是一个人的内在和外在的和谐统一。在上帝给予的良好机会面前，选择了"0"的那个人并不是傻子，反而是一个极为聪明的人。因为他懂得给自己清零，清零后他将会比别人得到更多。

相传古时候，有一个佛学造诣很深的人，听说在一座寺庙里面有一位德高望重的老禅师，遂前去拜访。当老禅师的徒弟来接待他的时候，他表现出几分傲慢，心想：我这么一个佛学造诣高深的人，怎么能让你来接待我，你算什么？不久，老禅师恭敬地接待了他，并且亲自为他沏茶。在倒水的时候，杯子里的茶水已经满了，但是老禅师还是往里面倒水。这让他很不解："大师啊，这水不是已经满了吗，怎么还一直往里面倒呢？"大师回答说："对啊，既然已经满了，怎么还能往里面倒水呢？"

其实禅师的意思是：既然你已经这么满足自己目前的学问了，干嘛还要来向我求教呢？这就是心理学中"空杯心态"的来源。

一个人如果对自己抱以自满的心态，就永远不会虚心接纳别人的知识。同样的道理，一个人如果不愿意将自己清零，就不会获得新的活力。可见，我们要能随时将自己设想成一只空的杯子，而不能骄傲自满。要能随时对自己已经拥有的知识加以重整，清空那些过时的、无用的，这样才能为新的知识的注入腾出空间。空杯心态其实也是忘却过去，尤其是忘却成功，从而才能达到更高的境界。

有一则故事。哈佛大学的一位老教授向学校请了三个月假，然后告诉家人说自己要去一个地方，但不希望任何人打扰，他每个星期都会打电话报平安让家人放心。

于是这位老教授孤身一人去了美国南部的一个农村，在那里他尝试着过另外一种生活。他每天在农场打工，在饭店洗盘子。在田地里做农活时，背着老板抽支烟，和工友们偷偷地闲聊几句话，似乎都可以给他

带去前所未有的欢快。有一次，他在一家餐厅洗盘子，一连洗了四个小时。然后老板把他叫了出来，给他结了账，并告诉他说："可怜的老头儿，你洗盘子洗得太慢了，你被解雇了。"

后来回到哈佛，老教授又恢复了自己原先熟悉的生活和工作环境，他觉得以前那些再熟悉不过的东西都变得新鲜起来，也找回了最初的兴趣，工作成了他的一种全新的享受。可以说，那三个月的经历，就像是一个淘气的孩子搞的一个恶作剧一般新鲜刺激，更为重要的是它让老教授重新找回了最初的状态。因为原来多年积攒在心中的"垃圾"被清理干净了，老教授获得的是一种"清零"的全新心态。

因此，"0"代表的并不是一无所有，不要惧怕"0"，因为那会使你获得更加新鲜、更加鲜活的东西。当我们觉得生活乏味，甚至感觉难以继续的时候，不妨把自己清零吧。

第五章
小小智慧铸就大大人生

生活中很多人习惯性地将眼光放得很远很远，远到忽视了近在眼前的许多小小的细节。细节可以成就一个人一件事，也可以毁了一个人一件事。所以，注重细节是一种智慧，小智慧成就大人生。这里的每一则故事都值得你对生命展开一场新的感悟：细心的人最不缺少的就是机遇；一个行为坚持一个月就会成为习惯，养成好的习惯才能有好的人生；当上帝没有为你打开大门时，也许是他忘记了，但不要给自己任何借口，而是要用你的智慧自己去开启；生命的富有不在于你拥有的财富，而是回首往事时没有虚度光阴的愧疚和悔恨……在故事中领悟智慧，在智慧中感知人生。

面试场上的老人——细心的人总有机会

某公司是商场上的知名企业,很多高学历、工作经验丰富、证书多的求职者都争相前来面试。面试经过了初试、笔试、面谈等四个环节,一路下来只剩下六名应聘者,而公司经理一职只能由一个人担任。因此到第五轮面试时,老板亲自出马了,应聘者们似乎也闻到了硝烟的味道。

但面试一开始,考官就发现在场的面试人员不是六名而是七名。"在座的有不是前来面试的人吗?"话音一落,就见坐在最后面的一名男子站起身来回答说:"先生,是我。我在第一轮就被淘汰了,但是我还是想再参加一下面试。"说完,其他的应聘者都笑了,就连站在大门口为人们倒水的老人也忍俊不禁了。

面试考官很无奈,并不以为然地问:"你连第一关都没过,还有什么必要来参加这最后一轮的面试呢?"男子回应说:"我掌握了他人没有的财富,其实我自己本身就是一笔财富。"话音一落,大家又是一阵大笑,心想这个人还真有点狂妄。

但他不顾大家的嘲笑,接着说:"虽然我只是一个本科生,也只有中级职称,但是我有着十年之久的经验,曾经在十二家公司担任职务……"话还没说完,主考官就打断了他,"虽然你的学历和职称都不高,十年的工作经验倒也很不错,但是你却在十年的时间里先后跳槽十二家公司，这可不是什么好行为。"

"我没有跳槽，是那十二家公司先后倒闭了，我不得不另谋出路。"场下的人再次大笑起来，接着就有人议论说："你还真是一个实实在在的失败者！"男子也应声而笑，但他接着说："不对。这不是我的失败，而是那十二家公司的失败，因为这些失败我积累了财富。"此时一直站在门口的老人上前去给面试官倒茶，只听男子接着说："那十二家公司我很了解，我和我的同事都曾经想挽救过它们，虽然到最后还是没有成功，但是我通晓了错误和失败的每一个重要的细节，在这中间我学到了很多珍贵的东西，这也是其他人学不到的。大多数的人都一直在追求着成功，但是我拥有的更多的是避免错误和失败的经验。"

大家似乎都沉浸在他的讲话中了，于是男子顿了顿接着说："成功的经验多半相似容易模仿。但是失败的原因却各不相同，用十年的时间学习成功的经验，倒不如用同样的时间去经历错误和失败，那样得到的经验将会更加丰富、更加深刻，因为他人的成功经历很难成为我们自己的财富，而失败的过程却可以。"

说完，男子转身似乎准备离开，忽然又回过头来说："这十年的经历，培养和锻炼了我对人对事对未来极其敏锐的观察力。我举个小小的例子，真正的考官其实并不是您，而是站在门口为我们倒水的老人。"在场的所有人都感到惊愕，大家把目光投向门边的老人。老人惊诧之际很快又恢复了平静，他笑着说："不错！你被录取了，但是我想知道你是怎么知道的。"老人默认了自己的身份，这次是男子笑了。

男子的回答既在老人的预料之内，又让大家惊叹不已，原来这名男子是从老人的动作举止和眼神等方面，观察出他内在的不凡气度，可见这个男子的洞察力绝非一般。可是这种超凡的洞察力并不是一朝一夕练就的，是他在长年的工作中积累所获得的，更是在细节中对自身能力的不断提升。正所谓一个人的能力是一种不能用编程来表现的东西，所以学不到，但是"世事洞明皆学问，人情练达即文章"，成功者之所以成功更多是因为细节，细节创造奇迹。

有一个十分有趣的故事。一位医学教授在给学生上课的第一天就对台下的学生说："作为医生，最重要的就是胆大和心细。"接着他说眼前的玻璃杯中装的是尿液，然后在众目睽睽之下将自己的手指伸了进去，紧接着又放进了自己的嘴巴里，随后他要求大家轮流按照他刚才的动作做一次。教授见到每一个学生还算诚实地将手指伸进尿液中，然后放进自己的嘴巴，一个个忍着呕吐，十分狼狈的样子。待到大家都轮番做完一遍，教授微笑着说："很好，你们每一个人都够大胆，但是我记得我说过还有细心。可惜你们都没有细心观察我刚才的动作，我是把我的食指放进了尿液中，而嘴巴里的却是我的中指。"顿时台下一片哗然。

这些其实都是在告诉我们同一个道理，那就是细心观察很重要。

观察细节是一种功夫，难就难在养成细心观察的习惯，因为只有日积月累才能获得成效。爱因斯坦说过："如果人们已经忘记了他们在学校里所学的一切，那么所留下的就是教育。"习惯一旦养成就变成了自己的东西，这是其他任何教育都比不上的。

成功者最大的共同点就是做别人做不到的细节。任何一件伟大的事情，都是由无数小小的细节组成。曾经有人说过，一种行为连续重复一个月，一个习惯就养成了。注重细节并将其视为每天必须的行为，小事做好，小到每一个细微之处，长期积累下来，切忌一时兴起而为之。

还有一则广为流传的故事。一家公司要招聘一位高级管理者，经过一系列的初试、笔试等环节之后，同样是在最后一场面试上，被留下来的应聘者都十分流畅地回答了面试考官的问题，人人都以为自己似乎志在必得，但每个人都宣布被淘汰了。后来有一个年轻的面试者走进了面试间，他做的第一件事就是弯腰将地面上的一个纸团捡起来，正准备将纸团投进墙角的垃圾桶时，面试的考官说话了，"你好，请打开纸团看看吧！"应聘者略带迟疑地打开了纸团，只见上面写着一行大字："热烈欢迎您加盟我公司！"后来，那个年轻人成了这家公司的总裁。

机会往往就隐藏在一个细节之中，年轻人弯腰捡起的并不是一个纸团，更是一个成功的机会。这是面试考官给应聘者的一道考题，考的就是一个注重细节的习惯。一个注重细节的人是很难不成功的，这或许也是企业深谙的一个道理。

对于求职的面试者来说，细节是自我完美的展现。若一心只想着成功，只想着伟大，伟大很可能追求不到。假如甘于平淡，认真做好每一个细节，伟大很可能不请自来。中国名言说："泰山不拒细壤，故能成其高；江海不择细流，故能就其深。"可见，大礼不辞小让，细节决定成败。现代社会中，想做大事的人比比皆是，但却很少有人会用心把小事做细。他们或许并不缺乏雄韬伟略，也不缺少精益求精的精神，更加不缺的是按部就班、不折不扣的行动，但唯独不能平心静气地做好每一件小事，把握并且不疏忽任何一个小小的细节。

被扔掉的小石头——习惯的强大力量

一个很贫穷的人，平日里只能从垃圾中捡来一些对自己有价值的东西卖点钱。他实在没有什么本事去做惊天动地的事情，似乎他的人生就是如此了。

一次，他像往常一样在垃圾场上寻找有用的东西时，发现了一本破旧的书。他想，正需要一些纸卷烟抽呢，于是就把这本书带回了家。当他翻开书本的时候，觉得其中一页的纸张比正常的书页厚。于是他用剪刀剪开了书页，发现有一张薄薄的羊皮纸隐藏在书页中。在羊皮纸上写着一行字，是一个关于点石成金的秘密：在黑海边上有一块很奇怪的小石头，只要你找到它，随身携带着，就可以在任何时候把你看见的所有石头变成金子。这个小石头在外观上和普通的石头没什么区别，并没有什么显著的特征，但是它摸起来感觉是温热的，而那些被海水打湿过的石头则是冰凉的。

他曾经听说过一个传说，在古埃及某个大海的沙滩上，有一块神奇的石头，可以给人们带去无穷无尽的财富。可是没有任何一个人真正见过，石头是什么形状的，什么颜色的，在哪个方向，谁也不知道。如今这样的好运却被他这样一个贫穷的年轻人遇到了，他兴奋至极，第二天就带着简单的行囊，向着黑海走去。一年的风餐露宿，他最终到达了传说中的黑海岸边，马不停蹄地寻找那块可以为他带来无尽财富的小石头。

开始的时候，他见到许许多多奇形怪状的石头，总是捡到后就随手扔在了黑海边上。一段时间之后，他觉得假如还是一直这样下去的话，是很难找到那块石头的。于是他就将捡到的摸起来冰凉的石头奋力扔进大海里，这样就可以避免一块石头被多次捡起，更重要的是可以大大提高工作的效率。

就这样，每每捡到一块摸起来冰凉的石头，他就用力扔回大海，然后再弯腰去触摸那些没有被捡过的石头。时间一天天过去了，直到好几个寒冬都已经过去了，他依旧没有寻到羊皮书中说的那块"摸起来感觉温热的石头"。

弯腰捡石头，用力扔石头的动作在反复的重复下，已经被练习成一种很熟练的"技巧"了，他的经验越来越丰富，最后整个动作看起来既迅速又协调。

又是新的一天，他如同往常一样来到海边，在不经意间捡起一块小石头时，他感觉到了手心里的温热，是的，这应该就是他寻找了多年的石头！他虽然意识到了，可是等他真正反应过来的时候，为时已晚，那块小石头已被他迅速抛进了大海！手心是空空的，他明明知道那块石头就是，可还是随手将它扔进了大海，这就是他多年养成的扔石头的习惯。

他懊悔莫及，因为这一扔，扔掉的就是他一生的梦想，就是他一辈子期望的宝藏。

多么令人遗憾啊，习惯是个多么顽固的家伙，一旦形成根本无法控制。它就像惯性，有时候即使你知道，却还是会任由它将你摆布得东倒西歪。

被誉为20世纪最伟大的心灵导师、成功学大师，也就是美国现代成人教育之父的卡耐基讲过这样一则故事。

某位大公司的总经理患上了严重的神经衰弱症，无奈之下去向沙特拉博士求救。在两人谈话的时候，博士的电话铃声响了起来，这是医院的事情，需要博士马上处理。博士刚刚放下电话，另外一部电话的铃声接着响了起来，似乎在排着队一样，博士只好又去接电话，也是很紧急的事情，需要博士马上解决。不一会，有一位同事前来询问其对某一重病号的处置意见，同样是刻不容缓的事情，博士只好将这位经理晾在一边。大概十多分钟后，博士回来了，并向经理表示歉意。这时，经理却说："没关系，谢谢你，医生！我已经从你的身上发现了我的病根所在。回去后我将立刻改掉自己的坏习惯。"

博士看着他没说话，但脸上已经露出了满意的微笑，这位经理接着说："那么临走前可否让我看看你的抽屉呢？"

"当然可以！"博士十分爽快地答应了。

抽屉打开，里面空空的，东西少得可怜，只有一支笔和一些办公的纸张而已。

"你的文件呢？未处理的文件呢？还没回复的信函呢？"经理很诧异地问。

"我已经处理完了。"博士很平静地回答。

六个月之后，经理盛情邀请博士到他的办公室参观，并特意打开自己办公桌的抽屉给博士看。博士发现，这个以前看起来很烦恼的经理不仅像是变了一个人，而且他的抽屉也是空空如也。经理告诉博士说："以前我有两间办公室，三张办公桌，抽屉里全是没来得及处理的文件和信函，我既没有足够的时间去处理，也没有足够的耐心去处理。但自从与你的一席谈话之后，我就渐渐养成了在工作上再也不拖延的习惯。所以现在我也不再有压力和烦恼了。"

这就是一个好习惯成就的生活。结合那个扔掉承载着自己梦想的石头的故事，说明坏的习惯毁灭梦想，好的习惯成就生活。一个原本美好的事物，可能会因一个坏习惯在不经意间而破灭；一个本来很糟糕的状况，也可能因一个好习惯而转变。

口吃的孩子——没有什么可以作为借口

从前有一个神父，主教分配给他一千本《圣经》的销售任务。但以自己的实力，他大概也只能完成三百本，剩下的该怎么办呢？于是他决定找三个孩子来帮他完成。要想顺利卖掉余下的七百本《圣经》，无疑需要一些比较能干的孩子。"只要口齿清晰、能说会道、嘴巴甜就行吧。"神父想，于是依照这样的标准，他找到了两个小孩，并且他们都很自信自己绝对可以完成三百本的销售任务。神父很开心，可是还有一百本呢？

后来，神父又找到一个说话口吃的小男生，他的任务就是卖掉一百本《圣经》。

五天的时间过去了，那两个口齿伶俐的小男生都回来了，并带回来一个十分糟糕的消息，两个人加在一起才卖掉二百本《圣经》。神父觉得很失望，怎么会呢？这意味着还有大约四百本的《圣经》没有着落。就在神父不知所措的时候，那个口吃的小男生回来了。他居然卖掉了手上所有的《圣经》！更重要的是，小男生告诉神父说，有一个顾客愿意买下他剩下的所有《圣经》！神父感到不可思议，他无法相信这是真的，两个口齿伶俐的小孩只卖出二百本，而一个说话结巴的孩子居然是最终帮了他的人。

"我和……和……所……所有……见到的……的人……说，假……

如……不买……买我的……书，我就……就读……《圣……经》给……他们……听。"小男孩十分得意地说。

许多时候，我们在说一件事不可能的时候，其实都是在找借口。故事中的口吃小男生被神父认为，充其量只能完成一百本《圣经》的销售任务。可事实上，他所看好的两个口齿伶俐的男生却并没有为他创造出预期的效益，反而是口吃的男生最终成了他的福星。心理学家指出，每个人都有自己的优势与缺陷，很多人在面对自身的缺陷时，往往无法坦然，更加不会寻找途径弥补。殊不知在缺陷面前，正确的做法是坦然接受，而不是为自己找借口，要努力寻找别的突破口。口吃的小男生如果以自己的口吃为借口，那么他最终连一百本的销售任务都无法完成，更别说是剩下的所有《圣经》了。而聪明的他将自己的劣势巧妙地转化成为优势，成功地弥补了自己的不足。

有一则小故事。有一个小孩很小的时候就十分热爱篮球，并希望有朝一日参加NBA的比赛。可是难以想象的是，这竟然是一个身材十分矮小的小男生的梦想。身边的人都认为这是不可能的事情，即使是在他长大成人之后，身高也不过一米六。但是他从来都不曾放弃过自己的梦想，并且付出了比一般人更多的努力和汗水。后来，他果真成了镇上很有名气的篮球运动员，代表全镇打过无数次的比赛。不久，他又成为全州最优秀的篮球运动员之一，并且还是最佳的控球后卫。之后，他又成了NBA夏洛特黄蜂队的球员之一。他的身高创下了NBA球员最矮纪录，可是他也是NBA表现最为出色，出现失误最少的后卫之一，他的控球技术一流，远投神准，并能够凭借他那看起来不可思议的跳跃能力拦截两米多高球员的传球！他成了篮球场上引人注目的运动员，有着极其灵活的身手和迅速的反应能力，曾有一名篮球评论员称他就像"一颗旋转中的子弹一样"。他是谁？或许很多人早已知道了，他就是NBA历史上个子最矮的篮球运动员博格斯。

任何一件事情的成功，任何一个梦想的实现，没有什么是理所当然的借口，唯一的借口就是你不敢了、不想了、也不努力了，否则，一切皆有可能。在走向成功的这条路上，不断寻找借口为自己开脱的人，将永远抵达不了梦想的彼岸。因为懒惰者为拖延与无所事事寻找借口；懦弱者为退缩不前寻找借口，甚至整日抱怨连连；只有成功者从来不会为自己寻找借口。

生命本来的长度——珍惜

一个年轻人去拜访一位老人，这位老人曾经是美国一家著名跨国企业亚洲区的顾问，退休以后一直呆在家里。老人拥有广博的知识和超前的思维，即使已经年过六十，但依旧思维敏捷、精神矍铄，善于准确预测经济形势，并曾经很多次在企业即将爆发危机的关键时刻将公司解救出来。前来拜访老人的年轻人对此很是钦佩，他笑着说让老人帮他预测一下人生。"哪个方面的？"老人问。"很多人都说我的生命线很长，是长寿的象征，我想请您给我看看。"年轻人说着，摊开了自己的手掌。

老人看了一眼年轻人的手掌，反问道："你知道什么是构成人体组织的最小单位吗？""细胞吧？"年轻人答道。"不对，细胞并不是最小的单位，它还可以被细分。"老人说。年轻人狐疑地看着老人，希望老人能给出正确的答案。

"生物学家已经证实了，构成人体最小的组织单位是DNA。到目前为止，已经破解的DNA组合已经达到了两亿。根据DNA组合来推算，人的寿命应当为一千两百岁。"

听了老人的解说，年轻人很是震惊，"真是如此，那为什么现实生活中连活到一百岁的人都微乎其微呢？"

"因为我们的生命每天都有折损,我们的日常行为,如说话、做事、工作、进食、思考等,都是对DNA的折损。每时每刻都在折损这有限的DNA,我们的生命自然不能达到应有的长度。"老人说。

"这样说,假如我们什么都不做,就不会消耗DNA了吗?我们就可以活到一千两百岁了吗?"年轻人问。

"理论上可以这么认为,但是事实上这是无法实现的。因为人活在现实中,活着就要消耗,吃喝拉撒这些最基本的行为都是对DNA的消耗,即使不工作、不做事依然要消耗。"

年轻人从来都没听过这样的论断,他被惊呆了。那些活到一百岁的人,居然消耗了一千一百年的生命时光。我们在维持生命的同时,原来是以牺牲未来生命为代价的,这是多么昂贵的消耗!

"因此,要是按照消耗的DNA计算,那些著名的科学家取得的成就是正常的,不是因为他们有多么的伟大,我们也同样可以做到。假如没有做到,按理说应该比他们消耗掉的DNA少许多,我们应该活到两百岁才对。"老人依旧侃侃而谈。

"但为什么我们没有活到那么久,甚至更少呢?"年轻人似乎还是不解。

"我只能说,我们和他们消耗了同样多的DNA,甚至是更多。可是我们并没有把我们消耗的DNA投入到有益的事业上去,不但不能产生应有的收效延展我们的生活空间,反而成了对生命最无益处的消耗,我们的生命就是这样被缩短的。"

这次谈话给了年轻人很深刻的启发。一个人在有限的时间里,过去的每一天都是珍贵的,珍贵到要用我们未来的时光去交换。怎样不虚度,怎样才能在有生之年延长我们的生命,怎样使生命的长度实实在在符合它所创造的价值？这是每个人都应该用心思考的问题。

从前有一个年轻人，经过艰辛的努力最终成了富翁，他买了一栋豪华的别墅。他每天上班下班，几乎所有的时间都花在了工作赚钱上，与家人相处的时间寥寥可数。住进别墅的那天傍晚下班回家时，他看见一个人从他的花园里扛走了一个箱子，然后装上卡车离开了。之后每天下班回家，他都能看见有一个人在做相同的一件事，并且动作迅速矫健。

他很想阻止，但是那人的速度真的是太快了，他每每都反应不过来。有谁会看见小偷偷了自家的东西而无动于衷呢？终于有一天，他决定跟踪那个人。一路上卡车开得很慢，并不像在逃走的样子。后来车停在了城郊的一个峡谷旁，那个人下车后，提起箱子扔进了山谷里。富翁很是好奇，这到底是怎么回事呢？于是他下了车，看到山谷里堆满了样式差不多的箱子。富翁更加奇怪了，都是自己的吗？好像家里根本就没有这么多的箱子，这个人把这么多的箱子运到这里来到底要做什么呢？

"我看见了你从我家的花园中拿走一个箱子扔到这里，你想干什么？这箱子里面都是些什么？你既然运走了，为什么要扔进山谷里？"一连串的疑问，然后他又像是在自言自语地说："我家根本就没有这么多款式一样的箱子，你究竟是怎么找到它们的？"

那个人看着富翁，上下打量了一番，然后说："你家还有很多很多这样的箱子呢，我还没运完。你不知道吗？这里面都是你曾经虚度的时光。"

"虚度的时光？"富翁疑惑不解。

"是的，你虚度的时光。"那人肯定地答道。

"瞎说什么！我每天都抓紧时间挣钱，为了过上美好的日子，我几乎拼掉了我的性命，我相信我并没有虚度任何时光。"富翁不以为然。

"这些就是你虚度的时光，你以为你努力工作挣钱就不是在虚度光阴了吗？你所谓的美好的日子难道就是金钱的富足吗？到最后，当你得到了你需要的一切，你又做了些什么？瞧瞧吧，他们个个完好无缺，但是你再也没机会享用了。"

富翁听后上前打开了一个箱子，于是他看见了那一段段被自己虚度的时光。一个清冷的深秋的傍晚，他的未婚妻独自一人在僻静的小路上漫步，眼神落寞孤寂。他的老母亲躺在病床上，半躺着的身体已经没有了力气，可是她还喃喃自语着："儿子怎么还不来看看我？"富翁的老父亲独自依靠在木制的大门上，眼光迷离，一根根地抽着烟，一声声地咳嗽着，他在等着儿子回家吃饭……富翁鼻子酸了，眼睛也朦胧了。他不顾一切地紧紧抓住那个人的手说："我请求你，把这些箱子还给我吧！我现在有钱了，你要多少都可以，只要你肯答应我，要我做什么，付出什么样的代价我都愿意！"

那人遗憾地摇摇头说："晚了，已经太晚了。"

在我们的生命中，有多少珍贵的时光被我们浪费了，有多少原本可以好好享受的美好时光被我们忽视了。我们一心以为，只要是花在自己认为有价值的地方就不是在浪费，但是到最后才发现其实不是这样的。生命中的时光在分分秒秒一点点地减少，但这分分秒秒是以牺牲未来生命为代价的，每个人都是。所以，很多的人和事很容易就会在不经意间变成永远无法挽回的遗憾。既然我们已经不能控制自己生命的长度，那么何不好好善待此时留在你身边的人，以此来增加生命的密度呢？世界上什么是最宝贵的，金钱、财富、地位、权势？别忘了，这些其实都是用你未来的生命换来的，你可能因此消耗掉了比正常人更长的生命，那么你能够享用的时光也大大地减少了！

聪慧加大人生的容量——取舍的智慧

有一位富商打算带全家人周游世界,为了在旅途中能够充分地享受生活,富商决定带着满满的一大箱珠宝出游。路上一家人感到十分的愉悦,充足的钱财使他们几乎没有碰到任何困难,遇到好玩的、好吃的或有意义的纪念品,他们都会享用或者买下来。一天,一家人走到了水路,于是他们坐上了一艘很大的客轮,水手们帮忙把行李放进船舱里。一切完毕之后,大家就安心去休息了,但是危险却在不知不觉中来临了。

水手在搬运行李的时候,感觉行李异常沉重,就用尖刀撬开了箱子的一角,发现里面装满了金银珠宝,于是动了不好的念头。他们将这个消息告诉了其他的水手,大家决定在合适的时间把富商一家秘密杀害,再平分这些珠宝。当水手们正热议这个计划的时候,刚巧富商夜里起来吃宵夜,无意间听到了水手们的密谋。富商很害怕,赶紧把这个消息告诉了家人,于是一家人开始商议该怎样避免这场灾难的降临。

儿子说把珠宝从箱子里取出来,分别藏在每个人的身上。女儿建议把珠宝主动交给那些水手,"他们或许会看在珠宝的份上,放过我们的性命"。后来一家人商议采用女儿的建议,但是富商觉得不可取。水手们既然已经决定抢夺珠宝,又要我们的性命,就表示他们不愿意事情暴露,企图逃过法律的追究。我们如果主动交出珠宝,他们就会知道我们

第五章 小小智慧铸就大大人生

已经识破了他们的阴谋，这样他们就更加不会放过我们了。

一家人心急如焚，眼看他们的生命和财产都面临着前所未有的威胁。最后，富商和妻子一起商量出一个绝妙的办法，第二天一大早就开始施行了。

水手们天亮后都出来工作了，此时，富商一家也都在吃早餐。忽然富商把一个盘子扔向对面的儿子，大喊道："你个混蛋！总是违背我的安排，再这样下去，你就别想继承我的财产了！"儿子忽然起身冲向甲板，边跑边喊道："你个老顽固，我不会再受你的摆布，现在我要过我自己的生活！"他一直奔向那些行李箱并开始收拾自己的行李。水手们在一边看着，心想：这又是一个顽固老父亲和一个新潮儿子的拌嘴。

这时，富商忽地站起身，大声喊道："那些都是我辛苦挣来的，你一样也别想带走！"儿子一听，也被您怒了，只见他不顾一切地将行李箱中的珠宝拿出来展示，然后狠狠地把那个装满珠宝的箱子推向了大海，并说："不是你的东西吗？我不能拿，你也别想拿走一件！"

水手们傻眼了，珠宝没了，先前的计划自然也就不能施行了。

之后的好几天，水手们依旧可以听见这对父子的争吵声，并且两人还决定上岸后去请法官来评理，邀请船上的水手们来做证人。

几天后，客轮靠岸了。富商和儿子几乎是厮打着去见法官的，水手们站在一边等着看笑话。但最后，法官带着一队装备精良的警察，迅速将水手们抓了起来。原来这些水手就是经常在海上作案的海盗，已经劫走了很多乘客的钱财，还谋杀过至少五个人。

后来，富商一家在警察的协助下，顺利寻回了那箱被儿子推进海里的珠宝，一家人又回到家中，过上了原来的日子。

这个故事的结局是，贪婪的水手们得到了应有的惩罚，富商没有任何损失，反而得到了一件最为宝贵的财富，那就是关键时刻的取舍智慧。假如当初他们不愿意舍弃那箱珠宝，或许一家人的性命早就没有了。生活中有太多的时候需要我们具备一点智慧，即使再大的坎也会被化解。一心只想着得到，到最后往往会失去最宝贵的东西，譬如性命。

有一则有趣的小故事。当孙悟空还只是一只猴子的时候，他不辞辛苦地跋涉千山万水去拜师学艺，菩提祖师问他想学什么本领，看遍了方寸山的寺庙僧舍，也听腻了诵经念佛声的孙猴子说："师父教我什么，我就学什么。"于是菩提祖师对猴子说："道字门中有三百六十旁门，旁门都能修成正果，我教你术字门中之道如何？"孙猴子问："术字门中之道可不可以长久？"菩提祖师回答说："不可以。"于是孙猴子说不学。菩提祖师又问："学不学流字门中之道？"孙猴子依旧问："流字门中之道可不可以长久？"菩提祖师说："不可以。"于是孙猴子又不学。菩提祖师依然问："学不学静字门中之道？"孙猴子问："静字门中之道可不可以长久？"菩提祖师依旧答："不可以。"孙猴子还是摇头说不学。菩提祖师再问："学不学动字门中之道？"孙猴子还是问："动字门中之道可不可以长久？"菩提祖师再次回答："不可以。"孙猴子依旧不学。

这时，菩提祖师大怒，猛地跳下高台，"你这猢狲，这个不学，那个也不学，你想翻云覆雨吗？"于是操起戒尺就对着孙悟空打去，然后拂袖离开了，孙悟空忍着疼痛不出声。后来，菩提祖师把七十二变和筋斗云的好本事传授给了孙悟空。

同样的道理，我们在生活中也有需要自己做出选择的时候，如果什么都想要的话，到最后可能什么都得不到。也就是说，不会适时放弃就意味着你将背负更重的负担。或许摆在你眼前的机会很多，但你必定要选择最好的那一个，因为这将决定你今后的生活质量。为了降低选错的几率，最好的办法就是不要什么都想要。人生需要放弃，更要懂得放弃，这也是一种生存的智慧。

财富与生命——勇敢

有一个中年水手的儿子，喜欢跟随父亲到海上的大船上游玩。有一次，他趴在甲板上看海，忽然之间，他看见了一条很大很大的鱼。惊奇之余，他指着那条大鱼给身边的人看，所有的人都顺着他手指的方向看去，却没有一个人看见大鱼。

奇怪之余，有人讲起了一则关于大鱼的传说。海里有一种长得很像大鱼的怪物，一般的人是不会看见它的，如果看见了，那将意味着这个人会因为这只怪物而死。水手害怕极了，从此再也不让儿子靠近海边半步，也不准他再跟随自己的大船。儿子很听话，再也没有到海边去过。

日子一天天过去，儿子长大成人了。他虽然没有再跟过大船，但是他还是习惯去海边，每次都能看见那条鱼在海里出现。有的时候他走在大桥上，那条大鱼就跟着游到桥下。时间久了，他发现自己居然已经渐渐习惯了看见那条大鱼，但从来都不敢靠近它，他的一生就这样度过了。

有一日，他感觉到死神似乎已经离他不远了，可他还是忍不住想再次看看那条大鱼，其实他是想知道，那条鱼到底想对他做什么。于是，他坐上一艘小船，向大海里划去。如愿见到大鱼的时候，他问："我发现你一直在跟着我，我想知道你究竟想干什么？"大鱼忽然笑

第五章
小小智慧铸就大大人生

了，对他说："其实我一直都想送给你珍宝，够你一生享用的财富。"于是，那个人看见了一堆闪闪发光的珍宝。"晚了，我已经不需要了，我就要死去了。"

后来，他就死在了那条小船上。

为了避免危险的发生，他一生都在刻意躲避那条大鱼，就因为一个传说。但没想到的是，大鱼并不是像传说中说的想要他的命，而是想给他财富。这是一个出乎其意料的结局，假使没有那个传说，他的一生或许就会改变。

大海在心理学中是潜意识的象征，浩瀚无边又深不可测，其中潜藏着无数的秘密，大鱼或许就是海的秘密，是人在潜意识中的精神和直觉的象征。一个人要是形成了一种自己强加给自己的危险意识，就注定很难再过正常人的生活，潜意识里造就的心理矛盾无法解决，心理平衡就会受到威胁。故事里看见大鱼的人若能较早地面对那条大鱼，而不是在即将死亡的时候，那么他的一生将被改变。可见，在危险时刻勇敢冒险是很重要的。

有一则有趣的小故事。有人问一个农夫："你播种麦子了么？"农夫说："没有，我担心天不下雨。"那个人又问："那你播种棉花了么？"农夫回答说："没有，我担心棉花生虫，虫子会把棉花吃掉的。""那你种了什么？"农夫说："我什么也没种，我得确保安全。"

不愿面对危险，不勇敢冒风险，就只好什么都不做，如同农夫一样，那么到了丰收的季节，便颗粒无收，一无所获。生活中很多人也是如此，不愿忍受悲伤，贪图甜蜜，逃避痛苦，沉浸在温室里不受风吹雨淋……因而也就拒绝了一切成长。

111

可是，我们必须要有承担风险的精神，任何事情都不可能没有风险，就算是大晴天也有突降暴雨的可能。鸵鸟在大漠中遇到危险的时候，常常将自己的头藏在沙土之中，以此来获得内心的解脱。我们看见对面走来不想见的人的时候，常常把眼睛看向别处，以为只要我不看，对面的人就不存在了……其实这都是掩耳盗铃的做法。

敢于承受风险，总比我们在心底逃避和不安强，况且风险更多的时候意味着你将变得成熟和即将成功。

在今天，努力工作和生活需要我们学会冒险。但这并不是说孤注一掷的疯狂，而是要敢于面对那些令你感觉不舒服、不如意的人和事；敢于面对失败所带来的内心恐惧；敢于迎接挑战而不是畏缩不前、绕道而行。生活中很多实例都向我们证明，敢于承担的风险越大，过程可能就越安全，最后的收获也会越多。那些敢于挑战自己承受风险的人，才能为自己创造出一个真正美好的未来。

第六章
别让婚姻成为爱情的坟墓

　　心理学研究指出,男女在组成家庭之后,对另一半以及对美好爱情的感觉就会随着琐事而逐渐淡化,继续对已经满足的需求追加投入便成了无效的刺激。那么,似乎顺理成章的婚姻就成为了爱情的坟墓。然而,这种论断是片面的。人们为什么要结婚呢?结婚后两个人又要怎样相处呢?是甘于平凡还是追求轰轰烈烈?保鲜爱情的秘诀是什么?什么样的爱才是真爱?其实,婚姻是充满玄机的,只要你掌握好每一个旋钮的奥秘,它就不会是坟墓,而是温馨甜蜜的天堂。这里讲述的小故事,教你从心理上把握尺度,领悟爱情与婚姻的智慧。

一个关于依恋关系的实验——爱情中的依附关系

曾经有心理学家做了一个母婴关系实验。先由专门人员把母婴引入一间有玩具的房间，然后观察母亲离开之后再回来这段过程中婴儿的反应。

第一对母子，当母亲放下婴儿想要离开时，婴儿看见母亲离去表现出不快，并做出挽留状。在母亲离开之后，他无心玩自己的玩具，当母亲回来时张开双手，期望得到母亲的抱抱，这时候把他放下来，他会继续玩玩具。专家称这样的婴儿长大后，在恋爱关系中会表现出极好的一面，理解并包容对方的不足，懂得尊重，易相处，并随时满足恋人需要的自我空间。

第二对母子，母亲离开时婴儿并没有什么反应，稍稍有焦虑情绪，却不会轻易表现出来，这其实与母子俩平时的相处之道有很大的关系，他已经学会了不在母亲身上获得长期陪伴。专家称这类人长大后在恋爱中多表现冷漠，明明内心很需要，但是不知道该怎样通过语言交流表达出来，多数会在网络上或通过其他的途径寻得知己。

第三对母子，当母亲离开时，婴儿哭闹不止，待母亲返回时会击打母亲，很久之后才会平静。然后在母亲的陪伴下玩耍，不时地看着母亲，生怕她再次离去。专家认为这类婴儿没有安全感，极易焦虑。在恋爱中也很难给对方所需的个人空间，并且难以维持单身，往往会自食苦果。

第六章
别让婚姻成为爱情的坟墓

第四对母子,当母亲离开时,婴儿表现出慌乱、不知所措,母亲回来后依然表情茫然,时而会张开双臂希望得到拥抱,同时却又倒退,不愿被接近。这是因为婴儿依恋的对象既是他快乐的源泉,也是造成他痛苦的根源,于是对母亲表现出爱恨交织的情感。这种类型的恋人在相处中甜蜜与痛苦参半,在分手的时候往往会做出一些傻事。

心理学家根据多年的实验研究得出结论,母婴关系实际上与恋人关系有着异曲同工之妙,他们之间的相似度是惊人的。曾经有人称,一旦两个人相爱,心理年龄会立即降到三岁之下,类似于父女或母子关系。即在一起的时候,会产生一种心理上的极大满足,一旦分离就会造成"分离焦虑"情绪,那种渴望"被无条件接纳"以及希望自己是"最被重视的"的心理需求得不到满足,类似于婴儿在看见母亲离自己而去的时候所产生的心理情绪。

心理学专家根据这个实验,将恋人之间的关系划分为以下几个类型:第一对母子的表现被称为安全型依附关系,第二对母子被称为逃避型依附关系,第三对母子被称为焦虑型依附关系,第四对母子被称为紊乱型依附关系。其中最理想的是安全型的恋人,因为懂得谅解、包容、尊重就容易相处,也是这四种关系类型中最适合做爱人的。

因此,长大后的孩子在爱情中会彼此建立起一种什么样的关系,其实是与其小时候接受的父母的情感表达方式分不开的。父母对于孩子们的情绪,尤其是前三年的教育经验将直接影响到孩子之后的行为及思考方式。心理学家指出,正确的对待方式是"疏导",而不是"围堵"。也就是说,当孩子遭受情感波折时,譬如心爱的玩具被别人抢走了,孩子哭泣不止,妈妈抱起他来哄道:"不哭不哭啊,妈妈也知道你很难受,因为妈妈以前也有一个心爱的玩具熊被伙伴拿走了……"但是如果父亲看不下去,对着哭泣的孩子严厉训斥:"哭什么哭!不就是一个玩具吗?

再买就是了。"妈妈所做的就是情感"疏导",而爸爸所做的就是情感"围堵"。长期接受情感"围堵"的孩子,长大后在恋爱中就很难与对方建立起安全型依附关系。

第六章
别让婚姻成为爱情的坟墓

杰克的中国之旅——相似性让他们走得更近

有一家专门为单身的剩男剩女而开的相亲所，它有一个很吸引人的名字叫心灵驿站。大多数人第一次都搞不清楚状况，但是来过一次的人，尤其是单身人士，在这里确实可以为自己的心灵找到短暂休憩的场所。来到这里的男女需要在注册本上填写相关的信息，但并不是姓名、联系方式之类的，而是性格内向还是外向、业余时间喜欢做的事情、喜欢听的音乐、爱好读书者喜欢读的类型等信息，并可以不留姓名。

另外前来登记的人，每人都要选择一道测试题来做。其中有这样的一道题："一天，你在悬崖边遇见三个需要救援的人，一个是你连做梦都想要报答的恩人，一个是曾经伤害过你的人，还有一个是你要好的朋友，但是你只能救两个人，必须要舍弃一个，那么，你会救谁，又会舍弃谁？"

这家相亲所并不是真正地帮助别人相亲的，因为现在已经不时兴这种方式了。它只是把握住了人们在心灵上追求契合的特质，把一些兴趣爱好相同或相似的人的资料推荐给对方。很多单身者就是被与自己有着惊人相似的异性所吸引，于是在"神不知鬼不觉"中慢慢地开始联系，并进一步加强了解，尤其是对最后一道测试题做出相同选择的对象，走到一起的可能性是最大的。

杰克·威尔斯和杨慧就是在这里结识并最终步入婚姻殿堂的。起初杰克·威尔斯只是个旅行者，看见这座标有"心灵驿站"的小屋颇感兴趣，走进去之后，便被屋内独具匠心的设计以及那独出心裁的理念所吸引，并且他自己也一直追求着这种心灵上的共鸣。于是单身的他决定在这里留下自己的信息，当然他也像其他的登记者一样没有留下姓名。他选做了上文中所提到的测试题，并认真地写下了回答：我会救助有恩于我和那个曾经伤害过我的人，舍弃我的朋友。不久后这里的工作人员联系到他，并为他推荐了一位和他的回答一模一样的女士，这位女士便是他现在的妻子杨慧。

在堪萨斯州立大学曾经有过这样一项研究，研究人员要求十三名男子挤在一个模拟的空间内，并共同相处十天，在这十天内有专门的实验人员不断地考评每个人彼此的情感看法。结果发现，越是相似点多的人，彼此相处得越是融洽，而那些几乎没有相似点的人几乎看彼此什么都不顺眼。在密歇根大学也有一项研究，自愿参与研究的人假如可以和不认识的人交上朋友，便可以免费住宿。到学期末，结果显示，在这些参与者中间最为要好的朋友就是他们最为相像的室友。而在普度大学，研究人员则故意将一些社会或政治观点不同的男女安排在一起约会相处，后来不欢而散的是那些观点截然不同的人，而观点相近或相同的两个人则相谈甚欢。

这些实验都表明了一个道理，那就是相似性所具有的吸引力是巨大的。两个人最初走到一起，多半是因为对方身上有自己的某种特质，那些有着相似的背景、生活习性、个性、处世态度的人们更有可能走在一起。相似点越多，就越喜欢彼此，并且当双方达到某种相似性程度的时候，彼此的吸引力非但不会减少，还会对避免相处过程中出现的摩擦起到关键性的作用。比如，当在同一件事情上双方的意见完全一致时，相互欣赏与喜欢的程度便会加深。

爱就爱得值得——选择

这是一则长久以来一直被人们津津乐道的故事。

1936年11月16日，英国首相斯坦利·鲍德温和爱德华八世进行了会面，爱德华八世在谈话中表达了自己要和辛普森夫人结婚的想法。但这一想法遭到了首相斯坦利·鲍德温的反对，因为作为英国教会的领袖人物，英国国教的教义明确规定，离婚和再婚都是不可接受的，并且人民也是不可能接受辛普森夫人成为王后的。后来国王为此制定了一个方案，将来他们结婚，辛普森夫人不称为王后，他们的孩子也将不会加入到王位继承的行列之中，但这个方案最终还是被内阁拒绝了。另外在1931年的威斯敏斯特法案中就已经提出，任何关于国王头衔和王位继承问题的改动都必须经过英联邦各个自治政府的批准，而加拿大、澳大利亚以及南非政府已经正式宣布不能接受国王迎娶离异女子为妻。然而，爱德华八世的意志还是异常坚决，他表示没有多少人在澳大利亚，因此他们的观点一点都不重要。

无奈之下首相斯坦利·鲍德温给了爱德华八世三个选择：一、打消和辛普森夫人结婚的想法；二、一意孤行迎娶辛普森夫人，违背首相的意愿；三、退位。

后来，爱德华八世回应首相表示他将退位。

第六章
别让婚姻成为爱情的坟墓

这是一则现代版的"不爱江山爱美人"的故事。很多历史小说和影视剧中,帝王将相最终为了自己的爱情而选择放弃自己的权利和地位,那些皇帝原本可以坐拥后宫佳丽三千,却独独为了自己钟爱的女子放弃江山。实际上,这些故事无不在向我们诉说着一个道理,那就是爱情有时候是不能做选择的。

爱德华八世的选择是因为两个字——爱情,在大不列颠帝国接近千年的历史中,从未有一位国王会主动放弃自己的王位。虽然这件事在欧洲上流社会人士的眼中,无异于大逆不道的行为,大家对这位国王的做法无法理解和宽容,但是当成千上万支持国王的人们在得知爱德华八世放弃王位的时候都泪流满面。他们对国王的做法无可奈何,却又对他的行为充满了敬意,他的选择也诠释了什么是真正的爱情。后来,辛普森夫人以温莎公爵夫人的身份回到英国,并带回了丈夫的遗体参加国葬,举国悲戚的同时,很多人对他们的爱情有了新的认识,他们成为了解读爱情的新的经典。

上帝眼里的爱情——爱要互相珍惜

起初，上帝创造了人类，并教会了他们怎样生存以及怎样延续自己的后代。然后上帝说："你们在一起生活吧，一年之后我再来看你们。"于是留给他们一方土地、一把铲子和一捧种子就离开了。那一年，男人和女人二十二岁。

很快一年的时间到了，上帝和天使一起来到人间，他们看见男人和女人肩并肩靠在一起，身边睡着一个可爱的婴儿。映衬着田地里黄澄澄的庄稼，天使陶醉了，这是怎样的一种超越极限的美啊！上帝问天使："你看见了什么？"天使说："我看见了爱情。"上帝很不满，"但是最初我并没有创造什么爱情！人类太自作主张了！"发怒的上帝于是决定惩罚他们，"我要让他们自私起来，看看他们最后还会不会这样满足。七年之后我会再来"。

七年过去了，这一年男人和女人三十岁。上帝和天使如期降临人间，当年的婴儿已经满地跑了，女人一边摘菜一边看着孩子幸福地微笑，她的身边还有一个刚刚两岁大的女孩儿。男人刚从田地里回来，脱下外套蹲在妻子的面前和她一起摘起菜来，并时而抬头温柔地看着她。天使着迷了，仿佛自己就是那个幸福的女人。上帝说："这是什么？"天使回答："这是谅解。"上帝再次不满了，"怎么会有谅解？人类不是自私的吗？"于是上帝决定更加严厉地处罚他们，"我要让时间

第六章

别让婚姻成为爱情的坟墓

在他们的身上留下印记,带走他们的青春和体力,二十年之后我会再回来"。

二十年之后,上帝果然又来了,这一次,他们看见那对年过半百的夫妻一起坐在门口,有一句没一句地聊着什么,旁边是一桌香喷喷的饭菜,年轻英俊的小伙子在田里收割庄稼,他的妹妹则在一旁打下手。那对夫妻不再像从前那样有精神了,头发也花白了,但是在他们的眼睛里有一种更加令天使陶醉的东西。还没等上帝发问,天使就说:"我在他们的眼里看见了忠诚,但是我不知道这股力量来自哪里。"这一次上帝没有很生气,因为他看见了时光果然在他们的身上留下了印迹,但是那颗心?于是上帝很干脆地说:"他们的时间并不多了,三年之后我倒要看看,在生命的终结处他们还拥有什么!"

于是三年后,当上帝再来的时候,男人独自坐在山头上,这时候的他已经白发苍苍,而那个女人——他的妻子就躺在他对面的那座小小的坟墓里,上帝在他的眼睛里看见了忧伤,但是除去忧伤,还有一种新的东西。于是上帝又转身询问天使,天使说:"记忆。"上帝无法明白,最终掉头离开,而就在不远处,他又看见了一对青年男女,他们的眼里有种熟悉的力量,这个时候,他才知道,人与人之间的那种微妙的感情——爱情,究竟是什么。

上帝创造了人,人也在不知不觉中学会了爱,生命的每一个阶段都充满了考验,真正敢于超越的才是真的爱情。刚开始的时候,或许一切都是甜蜜的,双方都沉浸于此无法自拔,但是时间久了,各自的本性就渐渐暴露出来。自私的人们开始为自己着想,埋怨对方为什么总是为自己,而不顾及别人的感受,由此矛盾逐渐产生,再加上企图改变对方的欲望越来越强烈,不同的要求不断更新、增加,矛盾愈演愈烈。这也就是为什么很多人都感叹"婚姻是爱情的坟墓"的原因所在了。

我们不妨将这个故事里上帝一次次的发难视为爱情中的考验。二十几岁的时候，初涉爱情婚姻，面临磨合期间的煎熬，也是一个人完成"完整之我"追寻的艰难历程。上帝又让人自私的本性在这个时期毫无保留地显现出来，原先的甜蜜滋味骤然变成了酸苦，甘愿忍受、包容、坚持的恋人才能真正度过这一段。然后就是人们经常说的"七年之痒"的考验，只有相互理解并包容才能更好地面对生活中的压力与疲惫，安全地度过这一阶段，婚姻才会尝到苦尽甘来的甜头。暮年之时，尽管人已经老去，但是那颗互爱的心还紧紧依偎在一起，那带走青春的匆匆时光并没有让他们损失什么，反而证明了一个亘古以来困扰了世人千百年的问题——原来这就是爱情。

有一个小男孩对小女孩说："如果我只有一碗粥，我会把一半留给我的母亲，另外一半留给你。"小女孩因此喜欢上了他。那时候，他才十二岁，她十岁。十年之后，村子里发了一场大水，村子被大水淹没了，他不停地救人，有年轻的、年老的，大人、小孩、认识的、不认识的，却唯独没有救她。

后来，她被别人救起。有人问："既然你喜欢她，为什么不先救她？"他回答说："正是因为我爱她，才要先去救别人。因为她要是死了，我也活不成。"后来他们结婚了。当年他二十二岁，她二十岁。

再后来，全国饥荒。家里穷得只剩下一点点面了，他做了一碗汤面，舍不得吃，让她吃，她也舍不得吃，让他吃，最后那碗汤面发了霉。那年他四十二岁，她四十岁。

他的曾祖父是地主，他因此受到了批斗。在那段时间里，组织让她和他划清界限，但她却不，还说："我不清楚究竟谁是人民内部的敌人，但是我清楚地知道，他是好人，他爱我，我也爱他，这就足够了。"她便陪着他一起接受批斗，挂牌游行示众，这段岁月里，两人心甘情愿地接受了相同的命运。那年他五十二岁，她五十岁。

又是很多年过去了，两人住进了城里，每天早上乘坐公交车去市区的公园。当一个年轻人起身让座时，他们都让对方坐下，相持不下，最后两人靠在一起抓着扶手站着，脸上带着满足的微笑。车上的人见到这一幕，不由自主地全都站起来了。那年他七十二岁，她七十岁。

这是一对在岁月中慢慢变老的老人，在他们身上似乎能感觉到某种内心的力量：不管世事如何变迁，只要身边有爱的人，就是一生最大的满足。谁都不知道现在所拥有的一切还会留在自己身边多久，也许明天，也许下一秒都将不复存在。我们之所以大肆挥霍，任性骄纵，甚至自私地从自我利益出发，随意伤害身边那个愿意陪你走完一生的人，就是因为我们觉得来日方长，拥有了就是既得财产。面对爱情我们要抱着随时都有可能失去的心态，这样才会懂得珍惜。

风筝与线——爱情婚姻哲学

从前有一个年轻人，喜欢在傍晚的时候来到宽阔的广场上独自散心，孤单地看着形形色色的路人。最近，他常常见到一对老人。老头牵着线，老婆举着风筝，在微风轻拂的傍晚，一路小跑着放风筝。他们小声说着话，偶尔还会大笑。周围的人都投来羡慕的目光，不仅仅是羡慕老人的身体如此健朗，更多的是因为他们看上去就像是一对甜蜜的小恋人。

有一天，年轻人忍不住走到老人面前，毫不隐瞒地说明了自己的来意。他说，因为感觉自己的婚姻在现实生活中有太多的冲突，结婚几年大家都不快乐，于是选择了离婚。老人慈祥地看着眼前的这位年轻人，笑着不说话。过了一会儿，他举起自己的风筝，老伴也一起过来了。年轻人礼貌地打了招呼，然后抒发自己的感慨说："其实，在婚姻里爱情早就不复存在了，它就像是一杯酒，酸甜苦辣百味俱全，一朝醒来曲终人散。"老人听后摇摇头，"两个人的相处其实更像是放风筝。首先是怎么做。竹篾做骨，光硬不行，还要有韧劲。风筝的骨是什么？爱，不要掺任何杂质的纯粹的爱。决心做一只风筝了，就要剔除金钱、权势、地位等，倘若让这些杂质保留，便会成为婚姻的后患。其次是怎么修饰。要使它怡情、养眼、给人以美的享受，婚姻才更加有魅力。这些修饰或许是一束生日时的玫瑰，一次假日里的旅行，一份意外的惊喜，一个拥抱或亲吻。第三，怎么放飞。风筝需要放飞，需要飞翔的空间，如果因为害怕失去它而紧紧地将其圈在自己的身边，那么再有魅力的婚姻迟早也会窒息。但是这个空间也要把握好，不能轻易地就松开手。最后，怎么加以保养。岁月会让风筝失去原有的光泽与稳固性，这便需要你适时地加以养护。"

听了老人的话，年轻人伤感的情绪一扫而光，向老人深深鞠躬之后离开了。看着他远去的背影那么洒脱，也许他已经从中悟到了什么。

其实，爱情和婚姻并不矛盾，谁说婚姻是爱情的坟墓呢？说这话的人多半是个对爱情失望的人吧，这个世界上依旧有那么多的爱情的忠诚信仰者。婚姻本身就是平淡的，爱情只是在婚姻中渐渐趋于平淡化了，不是爱已不存在，是过多的消极暗示在损耗你们之间的爱。因此，我们要做的不是恐惧、逃避，而是学会放飞。老人的风筝哲学颇具哲理。

结婚前要有一颗坚定的心，相信可以经营好一份完美的婚姻，就像做风筝前要相信自己可以做好一样，全力剔除金钱权势地位的种种诱惑，不要在婚姻还没开始前就留下隐患。结婚后不要过快地转变恋爱时的心态，需精心加以润饰，一点一滴去完善。付出并表达你的爱，给对方温暖，给爱情润色，正如制作好了的风筝需要修饰一样，她的主题是什么颜色，边裱成什么风格，等等，美丽、怡情、养眼的风筝才令人喜欢。结婚了不是说对方就从此完全属于你了，各自的自由空间还是要保留的，有时候太近了反而会被弹得更远。风筝是属于天空的，放飞它的人牵着一根线，太短风筝飞不起来，太长就有断线的危险，适当的空间距离才有风筝美丽的翱翔。

当婚姻遭遇问题，甚至让你不得不考虑放手的时候，你需要检查一下根源在哪里，而不是索性丢弃不要，适时地发现并解决问题，不要积累。就像一只在天空翱翔久了的风筝，风雨的侵蚀会令它遭到损害。你要偶尔看看它哪个地方松了，然后为它加固；哪里的颜色不鲜艳了，为它润色；风格造型跟不上潮流了，要及时创造出新的风格来。

华丽的冒险——金钱与现实

阿夏是个很优秀的女孩子，一直都坚持应该找一个自己很爱很爱的人结婚，她认为只有这样才不会在生命中留下遗憾。后来她果真遇见了一个"很爱很爱"的人，大家都叫他和子，一股从来都没有过的心动感觉彻底征服了阿夏。

经过一段时间的相处，阿夏觉得和子在人品、脾气、处事等方面都不错。阿夏是个性子有点急的女人，还会发小脾气，但这些和子都可以包容她。阿夏沉浸在一片幸福之中，她以为自己终于找到了那个可以相守一生的人了。那时候的阿夏二十六岁，和子二十八岁。

虽然和子的家庭背景不好，但是他一直都在努力着。阿夏也相信他一定可以取得成功，于是义无反顾地嫁给了他。可是，婚后的状况并没有预期中的乐观，他们在紧巴巴的日子里熬过了两年，期间两人经常会为了一些小事吵架，多半都是钱的问题。

婚前和子也说过要努力挣钱，要有他们自己的房子。但是两年过去了，和子的事业还是一点起色都没有。阿夏在公司里见得多，她知道那些和她同样年龄的女人都过着比自己好上几倍的生活，而自己……于是产生的心理落差就更大了。阿夏开始厌倦这种生活，她现在最想要的无非就是一个疼爱她的人能够给她一个宽裕的生活，不用每天担心生存的问题。但是这样想着，自己也不由笑了起来，自己最初一直坚持的原则呢？在现实面前，感性终究是抵不过理性和现实的冲击，没有面包的婚姻，像一片摇摇欲坠的枯叶。

于是阿夏想到了离婚。

著名的漫画大师朱德庸曾说过，婚姻是一场华丽的冒险。其实生活中，很多人在梦寐以求一些事情，却又无法衡量得失的时候冒险就开始了，每一场冒险在开始的时候都充满新鲜、浪漫和华美。但婚姻终究不能始终在蜜月中度过，就算是旅行也有归来的时候。但这美好的过程是不可磨灭的，很多人都在旅途结束的时候忘记了美好，而一味地消极抱怨，之前的所有美好都被抛之脑后。阿夏在围城里转了一圈，又回到了原点。一段旧感情的结束就能解决所有的问题吗？婚姻本身就是一场华丽的冒险，长大的人都愿意拥有自己的一座围城，哪怕那里面布满荆棘。

有人说，结婚的第一年是为爱情而活，结婚的第二年是为婚姻而活，结婚第三年是为孩子而活，之后的年年月月都是为活而活。粗略的、概括性的说法也不无道理，但这只适合大多数的人。还有一部分人，他们总是希望在婚后寻求一些刺激，或对既有的生活深感不满，对外来因素抵挡不了，譬如金钱、权位等。

实际上，幸福是个比较级。没有最幸福，只有更幸福。没有足够物质保障的婚姻，也许真的会像大浪中的小船，但每个人的价值观不一样。只能说，我们要在步入婚姻殿堂之前做好一切准备，包括足够成熟的心智，这样或许就不会在反反复复的相互比较中失去原本的幸福。

第六章

别让婚姻成为爱情的坟墓

罗米欧与朱丽叶——爱的遗憾

一座城市里有两大家族——凯普莱特和蒙太古,这是有着血海世仇的两大家族,经常发生械斗。蒙太古家族中有一个十七岁的贵公子叫罗密欧,品学兼优,相貌英俊,人人都很喜欢他。但他喜欢的一个女孩被送到了修道院,十分伤心的他就跟随朋友一起混进了凯普莱特家族举行的宴会,声称要去找更加美丽的女孩,于是戴着面具的一群年轻人就出现在了开普莱特家族的宴会上。

在宴会上,罗密欧被凯普莱特家的独生女朱丽叶深深地吸引了,当他上前向朱丽叶表达爱慕之情时,朱丽叶也对眼前俊朗的小伙子产生了好感,他们一见钟情。当得知对方的身份之后,深深的爱意仍然无法使他们忘记对方。当罗密欧深夜翻墙进入凯普莱特的果园时,听见朱丽叶在窗口情不自禁地呼唤着自己的名字。

但两家世袭的仇恨注定了他们无法顺利结合,这份感情也注定会遭到家族成员的竭力反对。罗密欧去求见神父,请神父帮忙。于是,在神父的帮助下,罗密欧和朱丽叶在修道院内结为了夫妻。这天在大街上,罗密欧和朋友遇见了朱丽叶的堂兄提伯尔特,结果提伯尔特杀了罗密欧的朋友,罗密欧一气之下拔剑杀了提伯尔特。因此,罗密欧再也不能在这座城市里待下去了。

朱丽叶得知后很伤心,最后在神父的帮助下,朱丽叶服用了一种

可以让人暂时假死的药，让大家以为她死了。而这种药二十四小时后便会失效，朱丽叶就会苏醒过来，到时神父会让人及时挖开墓穴，并派人通知罗密欧，然后他们一起远走高飞。原本以为一切都会按计划进行，但不料罗密欧提前得知了消息，连夜赶到朱丽叶的墓穴前，杀了守墓人，自己掘开坟墓，深情地吻了躺在墓穴里的朱丽叶，然后自尽而死。

苏醒后的朱丽叶发现亲爱的罗密欧已死，自己也不想独留人间，她拔出罗密欧身上的剑结束了自己的生命。当两家的父母闻讯赶到现场时，为时已晚。至此两家恩怨消除，并在这座城市中树起了罗密欧与朱丽叶的金像。

爱情悲剧因两家恩怨和家长的百般阻挠而酿成，在现实的生活中，类似的现象也屡见不鲜。恋人之间的感情往往因为家长和外界的强力阻止而加深，那种相互之间的吸引力也因此而加强，越干涉越反对恋人之间的感情就越深厚，这就是心理学中的"罗密欧与朱丽叶效应"。

之所以会出现这样一种现象，还是因为人的一种自主的需要。很多人都希望自主，不愿意被别人控制，一旦受制于人，别人的意志被强加在自己的身上，这时就会觉得自己的自主权受到了侵犯，进而产生一种抗拒心理，不由自主地排斥那些被迫选择的事物，同时也会更加喜欢、执着于被迫失去的人和事。正是这种心理机制促使"罗密欧与朱丽叶效应"的产生。

心理学家基于该效应更进一步得出结论，越是难以得到的东西就越具有吸引力，人们总是越想得到；相反，越是容易得到的东西或者是已经得到的东西，往往就失掉了它原本具有的价值，进而被忽视。生活中，我们常常听女人说："男人就是这样，只有那些经历一番艰辛的追逐而得到的东西，他才会知道珍惜，所以女人不要轻易就将心掏给一个男人。"

其实道理都一样，不管是男人还是女人，这种心理都是大同小异的，那些得来不易的东西总是会得到更多的珍视，因为难得助长了它的价值。为什么两个人在一起时间久了，就渐渐失去了激情？为什么人们总是抱怨"为什么他（她）没有以前那样重视我了？"这其中很大的一部分原因就是"罗密欧与朱丽叶效应"的反面作用。

玫瑰与鸡——嫁给送你生活的男人

凌小薇二十七岁生日那天，收到了两份生日礼物，分别是当时正在追求她的两个男生送的。一份是鲜红的大束玫瑰，装在一个硕大精美的花篮里，红艳艳的煞是好看；另一份是一只包装好的整鸡，似乎是刚刚宰杀过的，还有没滴干净的血水挂在上面，鸡身又大又肥，在一个塑料袋里还耷拉出两个肥肥的鸡腿。凌小薇不禁有些烦躁，怎么这个年头，还有人在生日的时候送鸡呢，何况自己也不会做啊。

送她红玫瑰的男生是以前的同事，自从她换了工作之后就一直没和小薇断了联系，总是今天一起吃饭、喝咖啡，明天一起去水上公园。男生很浪漫，但唯一不足的就是他似乎对小薇不是那么上心，有时候还会好几天没有音讯。小薇想，要是他再认真一点，说不定自己早就成了一个幸福的小女人了。这次，他还是不失以往的浪漫，火红的玫瑰触动了小薇的心。至于那只整鸡嘛，小薇也懒得想了，反正就是不会做啊。

最终她接受了送玫瑰男生的邀请，中午一起在一家西式餐厅吃午饭。二十七岁的生日，就在一大束火红火红的玫瑰中度过了，优雅的烛光，香槟酒的香醇，还有小提琴的优美旋律，温馨而浪漫。

晚上下班，小薇接到一个电话，是送整鸡的男人打来的，他说已经在她的单位楼下了，等着她出来一起回去。小薇不免有点失望，她向往

第六章
别让婚姻成为爱情的坟墓

的是浪漫的火红玫瑰，而不是这只湿淋淋的整鸡。但他是大哥的一个好朋友，一直对小薇无微不至地照顾，虽然人有点呆，但是很会体贴人，属于很正派本分的那种男人。下楼后，小薇见男人手里拿着一个箱子，一路跟着她来到了她住的单身公寓楼下。上楼进屋后，男生打开箱子，里面是一个全新的电饭煲。他说，那只鸡是家养的，是他很早就托朋友从乡下买来的，有营养不说，还能够美容。那天晚上，他为小薇做了一锅香浓的鸡汤，小薇现在想起来还觉得回味无穷。

两年后，小薇搬出了单身公寓楼，带着那个电饭煲，嫁给了那个曾经送她整鸡的男人。而那束装在精美花篮里的火红玫瑰早就凋谢了。

浪漫是每个女孩特有的情怀，在爱情里能够享受到玫瑰香槟的浪漫是福气，但是如果没有玫瑰香槟，没有浪漫呢？你能说他就不爱你吗？在感情的世界里，浪漫的确可以为爱情升温，女友或者妻子过生日，为她买一份生日礼物，准备一顿别样的烛光晚餐，或者是带她去看场电影，她会感激你的细心、你的重视。同时在浪漫的氛围里，你的爱将会淋漓尽致地展现出来，往往一个浪漫的约会就将过去的干戈化为乌有，感情瞬间升温。但是爱情毕竟不是生活的全部，当两个人开始为生活而疲于奔命，为孩子操心，为家庭而忙里忙外的时候，就会发现玫瑰香槟的浪漫已经不再那么重要了，一颗真正疼爱对方的心才是为爱保鲜的关键。可以说，当初送小薇整鸡的男人，送的不仅仅是一顿回味无穷的晚餐，更是一份令人安心的生活。

有一段香烟和打火机的对话。一天，香烟相亲回来，经过一番思考之后决定嫁给火柴。于是和香烟相恋多年的打火机很是不满地问："我时尚新潮，而你也高贵不凡，我们俩在一起才般配啊！你为什么最后要选择那土里土气的火柴呢？"香烟回答说："因为你带给我的爱只是一刹那，一旦我香消玉殒，你一定另寻新欢，移情别恋。而火柴一生燃烧一次，只为我一个。"

　　一份稳固的感情不是看浪漫有多少，重要的是真正恰到好处的关心能够持续多久，与其追求虚无的浪漫，不如要一份踏实的细水长流。

　　所以，当你感觉生活索然无味的时候，不要抱怨你的另一半没有持续给你最初的浪漫。如果你想要，大可在他生日的时候送给他一个惊喜，或者邀请他看场电影。爱是可以互动的，只要你们都足够疼爱对方。

不能没有你的信任——信任化解婚姻危机

小眉和杨子明结婚已经七年，很多人都说婚后七年之痒的坎很难过。朋友在一次聚会的时候，开玩笑说，"你们这对模范夫妻能经受得住吗？"晚上回来，他看着妻子谈起这个问题，她很平静地反问："你觉得会有什么问题吗？""对于别人来说，或许真的是一道坎，但是我们俩的感情固若金汤，怎么会那样容易就被瓦解了？"她幸福地钻进了他的怀里，她也对这份感情深信不疑。

几个星期后，杨子明的一个厦门朋友来了电话，小眉接起电话，一如往常的平和，朋友没说几句就开始埋怨他们不够仗义，前几天去厦门竟然不去找他玩。小眉有些愕然，"你怎么知道的？"电话那头笑得很狡黠，"我亲眼看见你们俩在酒店门口拥抱还接吻呢，这难道还有假？别骗我啦！"她停顿了一分钟，然后向朋友道歉。挂上电话之后，她的脸色变得惨白，心也不能再像从前一般平静。一连串地想法在脑子里打转，怪不得他出差这几天电话这么少，怪不得他一反常态给我带回来这么多贵重的物品，怪不得他……她已经不敢再想下去了，一瞬间仿佛晴天霹雳，想起曾经在一起许下的那些山盟海誓，那些共同经历过的艰辛，小眉泪如雨下。

还好那天杨子明不在家，她哭完之后，立即又恢复了以往平静的常态。她是理智的，想想朋友的话，她决定找到真实的证据，到时候就算是分开也死心了。那晚杨子明回到家后,看见妻子将他曾经写给她的三百余封情书摆在了床头,他一边打趣她小女人,一边去浴室洗澡了,没有说过多的话,这又不免让她很是失望。以后的日子,杨子明还是正常地上下班,似乎什么也没发生。而她每天除了悉心地照料着家,忙里忙外,还开始留意起他的手机、身体、外套。后来她在他的手机里发现了一个署名熙轩的女人的短信,内容也不是什么特别肉麻的话,就是一些简单的寒暄。有时候还有一些喃喃自语似的只言片语,比如,"今天很开心,秋天似乎也近了""叶落茶凉,谁是谁命中的过客"等。她沉默着,心里却是一阵纠结,她等着证据确凿的那天,但是又恐惧爱情走到尽头时的心痛。但小眉还有一种奇怪的感觉,这个感觉一直在告诉她:不需要在意这件事,子明是不会做对不起妻子的事情的。

说来也奇怪,这样的日子大约持续了半个多月。这段时间里,小眉除了忙家务,实际上很少去想这件事,只是在空闲的时候会想到,然后就是一阵辛酸和凄凉。

两天后,上次打电话来的厦门朋友登门拜访来了,吃午饭的时候,他还是用十分狡黠的语气再次试探性地问起了她。她低头不语,想看看他会怎么作答。而令她惊讶的是,那个朋友还没等到他们开口说话,自己就笑着喷出了饭。杨子明在一边得意地微笑,"你这小子,竟做这些缺德事,我们好歹七年的感情,怎么会这么不堪一击?"

后来朋友终于说出了事情的真相。原来,那次杨子明的确是去厦门出差了,但是朋友在酒店门口看见他是假的,这样和小眉说是因为朋友想知道他们俩的感情到底坚固到什么程度。说完,朋友一边道歉,一边感慨,真是羡慕你们啊!

小眉的后背一阵发冷,释然的同时,她也深感惭愧,不禁对自己这半个多月的心碎与猜疑羞愧起来。如果不是因为理智,她也许就失去了他。

第六章
别让婚姻成为爱情的坟墓

一份好的感情应该是经得起任何考验的。七年之痒或许只是一个说法，但不少的夫妻在婚后的第七年，的确会出现一些很严重的问题，甚至因此而分开，俗称"七年之痒"。但是，这些很大一部分都是心理作用，因为有的夫妻明明没有什么问题，在第七个年头也会变得敏感起来，过多地去挑剔、猜疑、指责对方，反而打破了一贯的平静生活。小眉无疑是个理智的女子，骨子里和精神上对丈夫是如此的深信不疑，但是这也没有避免她对杨子明的些许猜疑。杨子明对事情本身不可能一点不知情，或许他也想知道他们的爱情在"七年之痒"的面前有多坚固。于是，看似彼此都深信不疑的爱情，却也在受一些观念的影响。

可见，很多爱情、婚姻也许并没有实质上的问题，却总是因为对对方缺少了那么一点信任，才让爱失去了方向，上演了一幕幕分分合合、爱恨交织的悲剧。假如小眉对杨子明不信任，那么这场"试探性的游戏"很可能就拆散了一个完整的家庭。

如果还有爱，那就让信任与爱同在吧。为爱插上信任的翅膀，不需要过多的言语，它便会带领你们飞往更加幸福的天堂。幸福长久的婚姻，是建立在双方相互信任的基础上的。即便你遭遇流言蜚语，即便你在最关键的时候产生了动摇，这都无关紧要，重要的是要信任到底。除非是对方正面向你摊牌，否则，千万不要用怀疑之心随意猜测、胡思乱想，那只会把事情弄得更加糟糕。

适当的距离产生美——刺猬效应

有一则寓言。两只刺猬在寒冷的冬天相互依偎着取暖。因为天气太冷了，他们渐渐靠近，希望能从对方那里得到更多的温暖，但是它们身上的刺每次都会深深地刺伤对方，最后它们的身上都流出了鲜血。但在寒冷的作用下，它们已经没有了刺痛的感觉，于是它们仍然紧紧拥抱在一起，最终失血过多而死。

心理学家也曾做过刺猬的实验，他们将一群刺猬安排在一道露天的圈栏里，在瑟瑟的北风侵袭中，它们都下意识地往一起靠。心理学家细心观察，发现很多刺猬在寒冷的逼迫下都是本能地彼此靠近，但又很难忍受对方身上的刺，于是很快就分开，这样反反复复几次，最后刺猬们最终都找到了一个合适的位置，既可以彼此取暖又不会被刺到的最佳距离。

心理学家总结得出，人与人之间其实就像是希望相互取暖的刺猬，只有保持适度的距离才能和谐地相处，彼此不被刺伤。这就是心理学上的"刺猬效应"。也就是说人们在相处的时候，要根据彼此的关系保持适当的距离，过近或过远都会影响人际关系的正常发展。

有一句话说得好"距离产生美"。就像是你远远地看一个人，就算他脸上有太多的雀斑，你也看不见，那种"望尘莫及"的感觉往往让人产生很多遐想。而一旦近距离相处，就会发现很多小缺陷，都是你完全没有预料到的，那种"完美"被近距离破坏殆尽。

所以，人与人相处远则不暖，无亲近之感，近又相互伤害。因此"刺猬效应"教导我们：不管在生活中还是在工作上，不管是爱情与友情，我们都要学会与他人保持适当的距离。太近就显得透明，透明的不见得就是好的，更何况每个人都有自己的隐私。在爱情上，尤其要注意这一点，再甜蜜的恋人也要给对方留一定的个人空间，否则爱情就会窒息和夭折。

是什么引发了婚外恋？——婚外恋解析

这里有几则故事。

第一则故事。钱某从一个小镇来到了自己向往已久的大城市，在一家广告公司工作，上司是一位已婚美女，这位美女上司的丈夫是商人，常年在外。钱某的工作能力很好，人长得也不错，几次在例会上都得到了上司的点名表扬。后来这位美女上司就与钱某发生了关系，钱某便经常出入美女上司的办公室。与此同时，他也从原来的小职员晋升到现在的部门经理，工资涨得比房价还快。但是有一天，钱某乡下的妻子来找他，发现了钱某与上司的关系。即使钱某极力澄清并想挽回，也没能保住这段婚姻。

第二则故事。范某和杨某是高中同学，当时两人是情侣关系，后来各自考上了不同城市里的大学，恋人关系因为长时间的两地分居而逐渐淡去。大学毕业后范某在外打拼了几年，之后决定回家，并且带回了现在的妻子。结婚一年多，在一次同学聚会上范某与杨某重逢了。那晚杨某喝了很多酒，她拉住范某说自己还爱着他，这么多年一直没嫁人就是因为忘不了他。后来，范某背着妻子经常偷偷和杨某见面，两人逐渐发展成了情人关系。

第三则故事。邹锦华和方波结婚已经两年了。婚前方波在一次醉酒后和曾经的大学同学发生了关系，事后他很是后悔，心里对自己的未婚

第六章
别让婚姻成为爱情的坟墓

妻感到愧疚，于是在结婚的前一天他把这件事情告诉了她。邹锦华是个要强保守的女人，当时结婚请柬已经发出去了，父母又很好面子，念在方波还算真诚，婚礼还是如期举行了。但是婚后邹锦华的心里一直都感觉不舒服。后来她单位里有一个小帅哥开始追求她，起初她还严词拒绝，可转念一想自己其实对他也蛮有好感的，为什么丈夫可以为所欲为，自己放肆一次又怎么了？于是出于报复丈夫的心理，她与小帅哥越走越近，最后发展成为情人关系。

第一则故事中，钱某和美女上司都是已婚人士，美女上司之所以会找上钱某，根本原因是因为夫妻长期分离，希望在钱某身上可以获得生理上的补偿，这是一种补偿心理。而钱某和妻子同样两地分居，更重要的是，这位美女上司不但可以给钱某生理上的享受，还可以帮助他尽快脱贫。所以造成钱某婚外情的心理不仅仅是补偿心理，还有贪图钱财和美色的心理。而第二则故事中的杨某和范某以前就是恋人，后来分开只是因为长期两地分居。虽已过多年，但是杨某一直不忘范某，至今还未嫁人，范某觉得是自己耽误了杨某，这是一种欠情心理在作祟。第三则故事里，邹锦华的婚外情是典型的报复心理。丈夫婚前身体上的出轨，一直是她心头上的结，或许她是想在心理上得到一种平衡。

心理学研究指出婚外恋是很复杂的，其中包括很多种因素，社会因素、政治因素、意识形态因素，经济、制度等，也有男女间的心理差异因素。而其中的心理因素往往是极为关键的内在因素。心理学家总结出以下几种比较典型的婚外恋心理。

首先是补偿心理。这种心理多见于分居两地的夫妻。因一方的生理需求不能被满足，或者是一方生理上存在缺陷，夫妻关系不和等。女性在该类婚外情上表现较为执着，一旦跌入深谷就很难再完好无损地走出来。美好的憧憬往往与现实脱节，付出也常得不到预期的回报，在瞬间

143

的甜蜜和幸福之后常常伴随有沮丧和酸涩。

其次是欠情心理。很多年轻人最初不能走到一起，后来双方各自成家，或者是一方成家后一方依旧暗恋着对方，在一定的场景下触发，旧情复燃。

第三是贪财、贪色的心理。钱财和容貌这两大吸引力，很容易使人不顾自己的人格委身于他人。

第四种是报恩的心理。在困难的时候对方倾力相助，令人感动不已的同时，也许深感无以为报，于是就付出自己的感情，甚至是身体。

第五种是报复心理。或许是因为夫妻中的一方有过外遇，而使另一方在心理上产生了不平衡，试图以同样的方式让对方产生与自己一样的痛苦。

第六种是好奇心理。也许是婚姻生活的平淡似水，让人有了想要寻求刺激的想法。

第七种是享乐心理在作怪。年轻时需及时行乐的思想导致了行为上的偏差。

还有就是相悦互惠心理。

实际上夫妻生活在一起，最重要的是心灵和精神上的共鸣，那才是一辈子都不会消失的依托。爱一个人并不一定就要得到，假如各自安好，何不好好珍惜眼前人呢？人格是何其的珍贵，是任何钱财和美貌都交换不来的。假如贪图一时的享受，就会失去永久的美好。因为钱财是身外之物，美貌更是不能长久。帮助过你的人或许只是一时的好意，不能一次性回报，可以日后慢慢偿还，记在心里其实比什么都强。一个人身在福中的时候往往不知道福字怎么写，失去后才知道何其珍贵，不是每个人都能在迷路后还会幸运地找到来时的路。某些思想观念的侵蚀是可怕的，坚持自己的原则和信念是端正行为的前提。在这个世界上，每个人都会有自己另一半之外的交际圈，或许是工作中的合作关系，或许

第六章
别让婚姻成为爱情的坟墓

是年深日久的好友关系，也或许是在你需要帮助时可以伸出援手的知心友人……但若想想，如果你们成了夫妻关系也未必是适合的，太多的时候都需要我们有一颗澄澈的心，懂得自己需要的是什么，明白生活需要你做些什么。

爱他也可以离开他——女人要学会坚持自我

一个在爱中心力交瘁的女子找到智者,并要求智者给她谈谈什么才是爱。智者抬眼望望这位温婉的女子以及她身边来来往往的人,神情严肃地自语道:"这个世界上,爱恐怕是最难以说清楚的了。它有的时候像柔软的摇篮,有的时候又暗藏利刃,一不小心就会伤害了你;它有充满阳刚之气的语调,也有娇羞甜美的孩子气;有的时候令人如痴如醉,有的时候又会狠狠地将你的美梦击碎;它会霸道地说'你是我的'。而更多的时候它说的是'我是你的'。爱在不知不觉中就深不见底,要想知道它究竟有多深,只有在离别的时候才知道。"

"那相爱着的人们呢?"女子不甘心地问。

智者笑笑,"爱像一座城堡,相爱的人走进去时,往往满面桃花,而走出来时大多已经伤痕累累,没有人知道他们在爱里都经受了什么。"

"我要如何让我爱的人走近我呢?"

智者道:"保持自我,保留神秘。"

"但是还是不行呢?"

智者叹道:"那就放弃他吧。"

"这样我不是永远地失去他了吗?"女子焦急地问道。

智者再次抬眼看着这位女子,不曾得到又怎么会是失去?何况失与得并没有明确的界限,失去或许就是另一种形式的得到也未可知。

第六章

别让婚姻成为爱情的坟墓

"我曾经很爱一个人，也和他一起生活了一段时间，但是他无法容忍我所犯下的错误弃我而去。他说很爱我，但是我怎么相信他是真的爱过呢？"

智者回应说，"真正爱你的人并不一定就是那个可以百般包容你的人，因为他或许可以接受这个世界上所有的伤害，而唯独不能承受他最爱的人给予的伤害。很多时候，刺你最深的人就是那个最爱你的人。"

"他抛弃了我，我至今还活在痛苦之中，请告诉我要怎样才能逃离苦海？"女子含泪凝望着智者。

智者说："只要你过得比我好。"

"但是我无法接受。"

智者闭起了眼睛，"天涯何处无芳草啊！"

"我做不到。"

智者摇摇头，"那么我可怜你，因为你已经在爱里失去了自我。"

生活中这样的例子比比皆是。对于一个并不懂爱的人来说，永远都有那么多的疑问横在心间。简单的问题往往越来越复杂，不断纠结，像滚雪球一样越滚越大，最后超负荷。而对于懂得爱的人来说，爱就是再寻常不过的生活，简单即是美。

不要去费力地思索他为什么昨天那样，而今天这样。不要去管在爱情中谁付出得多，谁得到得少。因为爱是两个人的事，有得必有失。更不要付出你全部的爱，要留下几分给自己。一个连自己都不懂得疼爱的人，又怎能去爱对方呢？倾尽全力去爱一个人的结果，就是当你失去他时你也失去了自己，甚至失去全部。

假如一个女人在恋爱、婚姻中将全部的时间和精力都花在男人身上，没有独立的思想、独立的经济来源，甚至没有一个自己独立的交际圈，很难想象有一天，当对方离开了，她要依靠什么生活下去！热恋的时候，似乎什么样的甜言蜜语都不难，享受幸福是一个人的权利，但过分沉迷和依赖最终只会弄丢自己。要对自己负责，对你们的感情负责，就要保留一份独立和自我。

有人曾说，爱有多深，恨就有多深。对方伤害了你，你要以十倍的伤害去回敬，最后两败俱伤，曾经的爱人变成了敌人。这也许就是为什么很多人认为，爱情与婚姻是完全不相等的原因之一吧。有了爱并不一定有婚姻，即使有了婚姻也并不一定会永远拥有对方。面对失去有的人无法接受现实，甚至还会做出一些傻事，而有的人没有爱情也照样过完一生。黑格尔曾说："爱情就是你中有我，我中有你。"如此高雅不受世俗束缚，但是它的发生与消亡也同样不受人的控制。因此，一个会爱的人必然有一颗简单的心，一份宽容与谅解的胸怀，一种爱人爱己的聪慧，一种敢于坦然接受失去，敢于享受孤独的勇气。

第七章
人生不是一次单身旅行

社会是一个交际网，每个人都不是独立存在的，而是与周围的一切人与事相互关联的，因此，人际关系是一门重要的课程。面对第一次见面的陌生人，什么才是最重要的？你如何读懂一个你刚刚结识的人？什么样的人更受欢迎？在与他人的交往中，你应该注意哪些问题？你是一个朋友甚少的人吗？如果你认为朋友不要多，有就行，那就大错特错了！小小的故事不需要你花费过多的时间，却够你受用一生，赶紧来阅读吧！

你需要给对方留个好印象——首因效应

小唐是一家品牌服装店的总经理。当她还是一个促销员的时候，她经常用一段很精彩的开场白给客户留下了深刻的印象。很多销售人员在初次见到客户时，总是会说："您好，我是×××公司的销售人员，这是我们公司新推出的产品……"而小唐却不是，她会说："先生，我之所以来到这里，是因为我希望成为您的私人服装顾问。我明白您在我们公司买衣服是出于对我和我们的公司，乃至我们公司产品的充分信任，而我今天将会增强您的信任，并且我相信自己可以做到这一点！"然后，小唐会不紧不慢地进一步说："相信您也希望对我做进一步的了解吧，那么现在就让我简单地做个自我介绍吧。我从事这项工作已经有好几年了，对服装的质地、款式以及适合什么样的人群等，都有一定的了解和比较深入的研究。现在我很愿意为您免费挑选一套最适合您的衣服。"

这样的自我介绍，很少会有人拒绝。不仅仅是因为它很精彩，还因为它在一开始就已经给客户留下了一个非常好的印象，并取得了客户一定的信任，最后再声明免费为客户挑选，客户就再也找不到可以拒绝的理由了。

因此，小唐总是很出色并且常常超额完成销售任务，她优秀的表现被当时的总经理看在眼里，很快就给小唐升职了，小唐成了同期进入公

第七章

人生不是一次单身旅行

司的员工中升职最快的一名员工。在后来不断的努力下，小唐终于接管了这家渐渐壮大的公司，并担任该公司的总经理。她之所以可以如此出色地完成销售任务，乃至在和同事、领导等相处的过程中如鱼得水，很重要的一个方面就是她懂得人际交往的首因效应，即要给对方留下良好的第一印象。可以说，一个良好的第一印象是一个人在人际上取得成功的一半，而人际关系则是助推事业发展的有力帮手。

一切人际交往几乎都是从陌生人开始的，首次见面留给对方的印象决定了接下来能否建立良好的关系。心理学中将初次见面时所形成的对彼此的印象称为第一印象。由第一印象而产生好感并迅速建立起良好关系的现象称为"首因效应"。

众人皆知的大将军冯玉祥在担任陆军检阅使时，他的原配夫人因病过世。当时很多单身姑娘都纷纷托媒人介绍，希望成为陆军检阅使夫人。而面对这些姑娘，冯玉祥很难做出决定。最终，他想出了一个办法，就是在接见她们的时候，冯玉祥都会问上一句"为什么想和我结婚？"这个看似简单的问题，却让一个又一个的姑娘被判出局，因为那些回答冯玉祥都不甚满意。一次，一个叫李德全的姑娘来到了冯玉祥的面前，当冯玉祥又问"你为什么要和我结婚？"时，没想到李德全说的是："因为上帝怕你做坏事，就派我监督你来了。"就这样，李德全留给冯玉祥的第一印象是直爽大胆，从而令他刮目相看，不久两人就结为了伉俪。

由此可见，第一印象在人与人的交往中起着至关重要的作用。如果你想扩大自己的交际圈，让更多的人有与你交往的欲望，就从第一印象开始吧。那么，怎样才能赢得一个好印象呢？首先，你不仅仅要从衣着、外貌上来修饰自己，还要加强素养、内涵、谈吐、气质等方面的训练，使自己更加富有魅力。卡耐基说过："一个人在交际中的第一印象是非常重要的，别人对你或者是你对别人，其实都是一样的。"人们开始认识一个人或一件事的时候，往往都是由表及里，第一眼的感觉就已经决定了他人对你的第一印象是什么。因此，不管你在什么样的环境中，也不管你面对的是什么人，注重自己的形象和言谈举止是非常有必要的。

当然，一个人不可能赢得所有人的好感，就像你不可能对世界上所有的东西都喜欢一样。所以，当得不到某些人的赏识时，千万不能怀疑否定自己，要保持自信，说不定会有很多人因为你的自信而喜欢上你。

第七章
人生不是一次单身旅行

学会瞬间读懂你身边的人——无声的身体语言

相传，康熙皇帝在晚年的时候很忌讳有人提"老"字，因为渐渐上了年纪，人们对自己不想面对的事情总是会过分敏感。

当时康熙身边的人几乎都知道皇帝晚年时的这个怪脾气，于是说话时都很小心谨慎，生怕说错了一句话引来灾祸。

一个天气晴好的午后，康熙带着一群妃子去河边垂钓。康熙的鱼竿不一会儿就动弹了，他连忙举起钓竿，看见竿子的另一头挂着一只大大的老鳖。康熙开心至极，刚想往上拉，却不想这只上了年纪的老鳖竟然挣脱了，并钻进了水里。真是空欢喜一场啊！皇帝不禁一阵感叹，脸上露出了十分惋惜的神情。身边的一位皇妃见状安慰他说："看来是这只鳖太老了，没了牙才衔不住钩子呢。"话刚说完，另一边的妃子就掩面而笑，一边笑还一边看着康熙，这让康熙涨红了脸，钓鱼的兴致也消失殆尽，一气之下将发笑的妃子打进了冷宫。

明明是皇妃说了"老"字，康熙没有怪罪，却反而将没说话的妃子打入了冷宫，原因何在？其实是康熙不服老，忌讳"老"字。但康熙与皇妃的感情较之于另一位妃子深厚，皇妃的话如果细细推敲，是出自一片安慰皇帝的好心。妃子没说话，看着皇帝笑，被认为是对皇妃的话的故意引申，含沙射影，笑者有意似乎是将那只老鳖比作了皇帝，一向高高在上的康熙当然不能忍受别人对自己的不敬。

可见，仔细观察你身边的人是多么的重要。实际上，人的面部表情、肢体动作等都是无声的语言。即使是沉默的时候也都在发出信号，只有细心的人才能读得懂。心理学家把这种无声的信息称为身体语言。

身体语言是指非词语性的身体符号，主要包括目光、面部表情、四肢动作、躯干姿势以及个人空间等。很多时候，即使不说话也可以通过对方的肢体动作领会其中的意蕴，对方也可以通过观察我们的肢体了解我们内心的想法。人们往往为了某种需要，而不得不在语言上伪装自己，可身体语言却很容易就会出卖了他。因此，只要我们细心观察，掌握肢体语言的奥秘，就可以从中窥见对方的真实内心了。

针对人体各个不同部位所显露出来的信息及其可信度，英国心理学家莫里斯做过一项研究，发现人体中越是偏离大脑的部位就越诚实，其可信度就越高。因此，脸是最不诚实的部位，很多表情都可以假装出来。但是我们在人际交往的过程中，首先关注到的却往往是脸。当我们对别人笑的时候，常常也会看见别人报以回敬的微笑，其实这笑多半出于礼貌。手比脸远，诚实度比脸稍高，但与距离大脑最远的脚比起来，还是差了不少。脚是很少有人去关注的部位，它距离大脑最远，很难受中枢神经的控制，因此，脚部被普遍认为是人类肢体中最为诚实的部位。

细分来看，身体语言可以分为三大类，一类是表情语言，一类是手势语言，再者就是肢体动作语言。

人们在见面的时候第一眼看到的往往就是面部表情，其中包括一个人的眼神、视线方向等。根据心理学家研究发现，眼神视线的转变尤其能够反映出一个人的内心和思想情绪的变化。因此，假如你正和一个人面对面地聊着天，那就可以看看他的眼神，通过眼睛这扇心灵的窗户来及时洞察其真实的内心，同时也可以用你自己的眼神来与之进行交流，表达关怀。

第二是手势语言。手势可以代表的意义很多，比如双臂交叉放置表示的是一种拒绝与人交流的意思，张开双臂则是友好和喜爱的意思。而我们在说话的时候最好多使用表示强调的手势，不要做过多的手部小动作，因为这样会显示出你的弱项，很可能就会被对方乘虚而入。另外还要多使用掌心向上这个表示接纳和坦白的手势，它代表的是一种积极的信号，比掌心朝下取得的效果要好得多。手势在谈话中往往更加能够引起对方的注意，用得好的手势会给人积极的影响。可见，我们在观察他人的同时，也要时刻提醒自己，留心别在手势上表露出缺憾。

第三便是肢体语言了，具体包括行走姿态、站立姿势、坐姿和身体的空间距离等。通常一个人要做到尊重对方，既要尊重对方的个人空间，又能很好地表达你的亲近感。不要随意摆放你的腿脚，一坐下就翘起二郎腿的做法是不好的。另外，还要注意你的脚尖的摆放方向，因为脚尖指向的方向很可能就是心中所要前往的方向，要是被对方觉察出来，那将对你产生不利的影响。反过来，你也可以留心观察对方的脚尖摆放，假如不是朝向你的，那你还是赶快改变当前的话题吧。

能说会道也是一种才能——瀑布心理效应

有一个人为人善良、耿直，行为正派，可以说他的人品几乎没有什么可挑剔的，唯一的缺点就是"不会说话"。因此，他没少栽跟头，可好了伤疤忘了疼，他一直都改不了这个不好的习惯，最后，身边谈得来的朋友越来越少。虽然熟悉的人都知道他有口无心，但有的时候确实会让人很不舒服，导致谈心的兴致都没有了，谈话也继续不下去了。

一次，这个人参加一个老同学的婚礼。新娘非常好看，身材也很好，经过打扮就更加靓丽了。在场参加婚礼的人都夸赞新郎福气好，可这时，他却大肆发表起自己的看法来。他说："现在时代不同了，都以苗条为美，女孩子更是大喊减肥。可大家不知道啊，身材苗条表面上看上去是好看，但实在是不利于身体健康。医学研究也证明了，苗条的人容易患重病，自身抵抗力也差，很难治愈。古时候就有人说过，腰身瘦弱的人就是薄命相……"说完场下的人都不再吭声了，新郎和新娘十分的尴尬，心里不自在可又不知道说什么好。这些不吉利的话在喜庆的场面上说，很是不合时宜。新郎新娘素知其为人，最后虽然没和他计较什么，但在之后的相处中，交情明显地变淡了许多。

还有一次，在老同学的聚会上，大家说到一个没有到场的老师退休以后比以前胖了许多，大多数人也许会说，"人闲下来了，自然就享福了"。可没想到这个人竟然说："人到老年发胖可不是什么好事，很容

第七章

人生不是一次单身旅行

易中风的,咱们老师没有中风吧?"大家自然说没有。可不久这话就传到了那位老师的耳朵里,老师很是生气,没想到他如此的不敬,不会说话。原本老师的一个朋友要求老师推荐几个人去其公司担任要职,老师的推荐信上本来有他的名额,现在也打消了这个念头。这么不会说话的人,去了只会给他找麻烦。

在工作中,这个"不会说话"的人也没少碰壁。在公司的一次年终工作总结大会上,大家首先各自总结了前期的工作状况,然后经理让大家谈谈工作以来对彼此的印象和看法。其实在这种场合,通常都会互相赞扬,对于需要改进的地方则略微点出,并很委婉地提出一些改善的建议,如此一来,既不会让对方感到尴尬,更不会影响到正常的关系。而这个不会说话的人,在谈及对别人的印象和看法时,居然一点避讳都没有,说话的方式更是让人很难接受。比如经理说一个同事的业绩突出,需要再接再厉,不能骄傲自满。而他硬是愣生生地说了句"不要乐极生悲!"。就是因为诸如此类的事情,渐渐地很多同事都不喜欢他了,有的甚至还处处排挤他。虽然在工作上,这个人也有一定的能力,经理也明白,可一旦碰上与大客户谈生意这样的事情时,总是不让他去,因为他这样的说话方式真的很容易得罪人。如此一来,业绩也就受到了影响。

他的"不会说话"不仅让自己的人际关系紧张,工作上也不能取得成就。

故事中的"不会说话"的人,或许就是你,也或许就是我,我们每天在和别人打交道的时候,是否也会犯下这样类似的错误呢?有的时候可能是一时有口无心,但是时间长了就成了习惯,而这样的说话习惯,别人也没有义务去理解。可见,一个良好的口头表达能力不仅仅是你把一句话说清楚就可以的,还要让听话的人心里感觉舒服和愉悦。不管你是在和朋友聊天，还是在和客户谈生意，好的口才是不可或缺的，更多的时候，我们要说别人想听的话，而不是自己想说的话。

心理学中有一个"瀑布心理效应"。其字面上的含义是：瀑布的表面平平静静的，但实际上下面早就浪花四溅了。这也暗指信息发出者的心理比较平静，但传出来的信息被听者接受后就引起了不平静的心理反应，从而导致态度和行为的变化。好比我们在日常生活中说话一样，也许自己觉得没什么，但在听者的心里或许会引起很强烈的心理反应，这就是"瀑布心理效应"。上述例子中那个"不会说话"的人其实也是如此。所以，我们在平日里无论面对什么人，不管是亲人朋友，还是熟人陌生人，都要把握好说话的方式，掌握好分寸。说出去的话就像泼出去的水，伤了别人，再多的道歉都无法弥补。不仅如此，好人缘也会远离你而去，当你成了一个不被大家欢迎的人时，就没办法结交朋友了。

在日常交际中，一句话或一个动作在不同人的心里产生的效果是不一样的。要想说话不得罪人，好口才是必须的。而好口才最根本的秘诀在于：你要有发言的实力。

有一则小故事。说一个小学的时候，曾是班上嘴巴最笨的同学王楠，在分别后的第三十个年头，居然摇身一变，成了在聚会中侃侃而谈的大男人。不管是说到养生保健，还是说到亲子教育，也不论是感情，还是事业，他都能说出一些让大家很赞同的观点来，而且头头是道，妙趣横生。同学都感叹，时间真的可以改变一个人啊！席间有人说："据我所知，王楠既没有参加过任何培训，也没看过类似这方面的书，如今他的健谈，我看并非因为别的，而是他在很多方面都已经有了自己的发言权。"是的。当年，王楠是最早下海经商的人，如今他的孩子也在国外留学。

一个人说出来的话真的是与其社会经历和生活阅历相关联的，只有有过切身的感受，才能说出令人认同和信服的话。否则只能闭上嘴巴听别人说，假如实在不甘心沉默插上几句，就很可能闹得不畅快。

可见，嘴巴灵巧还不算是好口才，真正的发言权才是保证。所以，一个人在人际交往的时候，说话不单单要注意掌握分寸，还要努力使自己拥有发言权。一个在某个方面有着亲身经历甚至非凡阅历的人，说话往往高屋建瓴、妙语连珠。

点到为止，留有余地——人际留白效应

古时候有一个备受大家推崇的大侠名叫郭解。当时，在洛阳当地有一个人与他人结怨，心里很是烦恼，多次央求地方上的有名望之人进行调停，但对方丝毫不给面子，众人都失败而归。之后，这个人找到了郭解，希望得到他的帮助。郭解接受了，很快就亲自登门拜访了委托人请求调解的对象。经过大量的说服工作，这个人才最终同意和解。

正常情况下，此事解决了郭解就应该走人了，但是他没有。这也是他在为人处事上的高明之处，临走前他对那人说："这件事我听说当地很多有名望的人都来调解过，但都没能达成协议。今天我很幸运，你很给我面子，让我顺利完成了任务，我要感谢你，但是我也有一个不情之请。因为我毕竟是一个外乡人，在当地人出面都不能解决的情况下，由我这个外地人完成了和解，这未免会使当地那些有名望之人大感丢面子。我很为自己担心，所以想请你再帮我一次忙，待到明天那几名本地人前来调解的时候，你就表面上让他们觉得是他们起了作用，而不是我出面解决的问题，把面子给他们，拜托了。"那人点点头同意了他的请求。

实际上，郭解很有智慧，他懂得给别人留有足够的面子，因为只有这样自己才有立足之地。试想，众多有名气之人都解决不了的问题，最

后被一个外乡人解决了，那么大家肯定觉得没有面子，会在日后给他脸色，使郭解陷入孤立的境地。郭解给别人留下面子，其实就是在给自己留下了退路。

从前有两个人。一个人打算离开自己居住已久的小村庄，永远都不再回来。因为不想给后人留下退路，于是他在走一条绳索桥的时候，便用随身携带的长刀将经过的绳索统统砍断了，小桥也随之坠落。但是当他走到一个拐弯处的时候才发现，前方已经没有路了。可是他也不能返回去了，因为身后的退路都被他掐断了。

另外一个人背着行囊爬上了一座陡峭的山，途中经过了许多的岔路。他为了不使自己迷路，就在经过的每段路上做下了标记，他想假如以后有人和我一样走到这里就不会迷路了。之后，他的面前出现了一道悬崖，无奈只好走回头路。于是，他沿着自己做好的标记顺利地回到了原来安全的地方。

故事中的两个人为什么最终的结局不同呢？原因就是第一个人不愿意为别人留下后路，使得自己最后也失去了回头的路。而第二个人如果不是那些为别人做下的标记，他也就只能在悬崖上结束自己的生命了。

我国书法绘画上有一种空间布局艺术，就是在整幅画中留下适当的空白，使画面不会显得太过拥挤，同时也给人以想象的空间，从而起到"以无胜有，有无相生"的作用叫做留白。在心理学上，类似这种留白的作用同样也是一种艺术，更是一种智慧。在人际交往中，给人适当的空间和面子，凡事留有余地，自己也才会有转身的余地，这就是心理学上的"留白效应"。

"留白效应"在日常生活中的应用很广泛，在与比较亲近的人相处时，我们要学会留白。很多人往往觉得这是自己的亲人，没必要在乎那么多，但实际上我们都犯了一个错误，越是与我们亲近的人，受到我们的伤害就越深。不管与谁相处都应该做到适当的"留白"，给对方一个相对自由宽松的环境，以此来避免一些不必要的伤害。

　　人际关系中的吸引力很大一部分来自于一个人的内在，有内涵有智慧的人具有的吸引力往往更强大。林语堂先生说过："看到秋天的云彩才知道原来生命别太拥挤，得空点儿。"给生活留点空白，就是给自己的心腾出休憩的空间；给别人留下余地，就是给自己留下余地；给别人行方便，就是在给自己行方便；不让别人为难，也是不让自己为难；让别人活得轻松，自己也轻松。你的留白别人会感激于心，自己也不会太累。这个世界其实说大也不大，说小也不小，今日你与他人狭路相逢，得理不饶人，哪知他日你会不会再与之碰面。所以，不管何时何地切忌四绝：权力不能使绝，钱财不能用绝，话语不能说绝，事情不能做绝。

让别人越来越喜欢你的秘诀——近因效应

美国心理学家卢钦斯曾经做过一个实验。他自己编辑了两段文字，主要的描写对象是一个叫做吉姆的男孩子的一些生活片段。第一段文字把吉姆叙述成一个热情开朗，外向大方的男孩，在放学路上他会主动和熟识的人打招呼，和朋友在一起时总有说不完的话；另一段文字则将他叙述为一个冷漠内向，谨慎拘谨的男孩，放学后他会自己一个人走，从来都不愿和别人在一起，遇见熟人也不会主动说话，和他在一起的人都觉得这个男孩的话好少。

在实验的过程中，卢钦斯把这两组叙述组合在一起，并分成了几个小组。第一个小组将描写吉姆外向开朗的文字写在前面，叙述他内向不爱说话的文字放在后面；第二组则相反，把叙述吉姆内向的文字放在前面，叙述其外向的文字放在后面；第三组只有叙述他热情外向的文字；第四组则只有叙述他内向冷漠的文字。然后，他把这些组合好的文字分别呈现给四组被试者看，之后询问他们对吉姆的印象如何。

实验的结果是：第一组的被试者大多数的人（80%）认为吉姆是个很阳光很友好，容易接近的人。第二组的被试者只有极少数（18%）人觉得吉姆友善。第三组被试者几乎（95%）都认为吉姆是很易于接近的，并表示很乐于和这样的人结交。第四组的被试者（97%）普遍认为吉姆内向难以接近。

心理学家卢钦斯的实验结果表明，信息呈现的顺序会对一个人的社会认知产生影响，即对他人的表情、性格、人际关系、行为原因等方面的认识具有一定的决定性作用，首先呈现的信息比后面呈现的信息的影响力更大。但这一结论也不是在任何时候都是起作用的，假如在这些信息描述中插入一些活动，如听音乐，听故事等，那么大部分的被试者将会根据活动之后得出的结论来做评价。换句话说就是，最近的信息对他们的社会认知起的作用更大，这就是心理学上的"近因效应"。

在人际交往中，我们往往会因为对对方最近、最新的认识而掩盖之前的认识。在印象形成的过程中，人们会随着时间的推移，交流的逐渐深入，使得最初的印象渐渐淡化，一旦新的信息出现，会在感官上形成新的刺激作用，并形成新的印象。心理学的深入研究表明，这种新的印象有好也有坏，并且对于一个陌生人而言，"首因效应"的作用更大；而在熟人之间，"近因效应"的作用更大。

日常生活中，我们往往会因为一些新近发生的争吵、不中听的话、不友善的行为形成对对方不同于以往的新认识，甚至产生误解，大脑中的负面信息占据了主要位置，以前的种种好似乎在瞬间荡然无存。这就是熟人、亲人之间的"近因效应"，它影响相处的和谐性。因此，我们要时刻提醒自己，别让最近的事件造成情感上的堵塞，最近的印象并非是全面的、完全正确的。想想以前的友善，那些为彼此做过的事情，曾经的付出，不能让一时的不良印象将它们都无情地抹杀了，这样是不公平的。当然，如果是因为最近的事件而增进了感情自然是好的。

可见，人际交往中要注重技巧，千万不要被偶然的事件迷乱了眼睛，因为那并不是最准确、最全面的。

第七章
人生不是一次单身旅行

最念是雪中送炭者——边际递减效应

《宋史·太宗纪》中记述了这样一个故事。一个漫天飘着鹅毛大雪的冬天，寒风刺骨。宋太宗穿着厚厚的龙袍，烤着通红的炭火，依然觉得异常的寒冷，于是想起用美酒驱寒取暖。喝着美酒的宋太宗想到了那些贫穷的老百姓，自己在皇宫中穿着厚厚的龙袍，烤着火炉，喝着美酒，还如此寒冷，那些在简陋的房屋中生活的穷人们呢？一定穿不暖，吃不饱，更没有炭火取暖，美酒驱寒。也不知道他们被冻成什么样了？于是皇帝决定想个办法来帮助他们。

宋太宗立即就召见了开封府府尹，下令他带上衣物、食物以及木炭，代替自己去慰问那些受冻的穷人们。接到皇命的开封府府尹马上准备好衣物和木炭，和自己的随从前往百姓的住处，挨家挨户地慰问，并将携带的东西送给需要帮助的人们，没米的送米，没衣服的送衣服，没木炭的送木炭……

百姓见皇帝如此体恤民情，为百姓着想，都非常感动。"雪中送炭"的故事从此流传开来。

皇帝如果是在晴好的天气送去木炭，百姓未必会有如此感激。而在最需要的时候给予帮助，哪怕只是一点点，他人也会铭记在心。

一天晚上，一个男生下楼买烟。一盒烟是29元，但是他想买一盒火柴，便对服务员说："顺便送我一盒火柴呗。"服务员淡淡一笑说："不好意思。"

不一会儿，又有一个男生来这里买烟，同样是29元一盒的烟。男生说："便宜一点呗。"于是这个男生就用便宜的一毛钱买了一盒火柴。

心理学中有一个人际交往效应叫"边际递减效应"。

在这两种情况下，服务员的态度和做法截然不同。第一种情况下服务员可能认为自己在烟上赚了钱，而在火柴上没赚钱，因此拒绝；第二种情况下服务员觉得在烟和火柴上都赚钱了，于是就同意了。服务员的两种做法，最后得到的实际利益是一样的，而造成这两种心态差别的最主要原因就是"边际效应"，也称"边际贡献"。这是一个经济学概念，意思是消费者在消费逐次增加的同一个单位的消费品时，体验到的单位效用是逐渐递减的。就有如我们在饥渴的时候吃到的第一口甜点，喝到的第一口水效用是最大的。而后来当你吃得越多，喝得越多的时候，单个食物所带给你的满足感就会越来越少，直到最后消失。也就是说，一个人在近期内重复得到相同或类似的报酬次数愈多，那么，该报酬的追加部分的价值就越小。

由此可见，做得多不如做得巧，帮得多不如帮得及时，"锦上添花"不如"雪中送炭"。

我们在日常生活中，边际效应的应用也是十分常见的。

譬如，妻子知道丈夫一直希望有一块腕表，刚好那天发工资，偶然经过商场，就给丈夫买下来了。丈夫收到妻子的礼物，第一次自然是感激涕零，隔天就戴上腕表去上班了，妻子觉得自己的心意没白费。

不久，妻子在逛商场时，看到一件呢子大衣，心想如果穿在丈夫身上一定很帅气，于是就买下了。丈夫再次收到礼物，自然也是很开心，但是那种感觉显然已经没有第一次那么强烈了。后来，妻子还是会隔三差五地买东西给丈夫，但是无论如何都无法再看到丈夫第一次收到礼物时，那种异常兴奋的反应了。甚至到后来，丈夫还说了这样一句话"以后不该买的就别买"。妻子心里自然不是滋味，一度怀疑是不是丈夫不爱自己了。

其实这就是"边际效应"在起作用。很多时候不是你做得不够好，也不是对方对你的感情变了，而是类似的事情做得多了，就失去了它原本该有的价值。

这就启示我们在人际交往的过程中，付出得多不如付出得及时。在别人不需要的时候，你的好往往会被忽视，而在最恰当的时候伸出援手，才是最明智的选择。在对方需要关心的时候，毫不吝啬地给出你的关怀；在对方需要温暖的时候，及时地送上一缕阳光；在对方缺钱的时候，爽快地拿出自己的积蓄帮忙救急；在对方口渴的时候，迅速地递上一瓶水……这就是所谓的"雪中送炭"。

广结人脉网——这是你走向成功的关键

这里有几则小故事，相信会使你受益匪浅。

故事一：乔·吉拉德——主动出击，展示自己

乔·吉拉德要举办一场关于人脉的演讲。举办之前，他的助理奉命不断地向人们散发名片，在场的有两三千人，几乎每个人手上都有好几张。而在演讲开始之后，乔·吉拉德就干脆敞开自己的西装，散发出至少三千张名片给在场的所有的人。全场立即陷入一片沸腾，然后，乔·吉拉德说："这就是我成为世界第一推销员的秘诀！"演讲也就此结束。

故事二：乔治·波特——从服务生到华尔道夫老总

一个风雨交加的夜晚，一间旅馆的大厅内走进来一对年老的夫妇。当正在值夜班的服务生得知他们要在这里住宿一晚的时候，很不好意思地说："抱歉，我们的房间今天都已经住满了。"两位老人听了很失望，在这个风雨的夜晚，再也没有比这里更适合他们住宿的了。可是旅馆没有房间了，老人只好转身准备另寻住处。就在这时，服务生拦住了他们说："如果是在平时，我会送你们去附近的旅馆，但是现在我无法想象你们在风雨中的情形。如果两位不介意，今晚就住在我的房间，虽然不是豪华的套房，但是很干净。今晚我必须值班，可以在办公室里休息。"老人很感激，便在服务生的房间里度过了一晚。第二天，天气好转了，

老先生准备给服务生结账，而服务生并没有收下。他说房间并不是旅馆的客房，因此不必收取任何费用。老先生不断表示感谢，并且称赞他是每个旅馆梦寐以求的好员工。临走前老人表示，或许哪天他可以帮助这位服务生盖一家旅馆。服务生愉快地送走了两位老人，而对于老人所说的话并没有放在心上。

几年过去了，这位年轻的服务生收到一封挂号信，信中叙述了发生在那个风雨交加夜晚的故事，另外还有一张邀请函和飞往纽约的往返机票。当年的那对老人邀请他去纽约旅游。

服务生半信半疑，但还是坐上了飞往纽约曼哈顿的飞机。到达之后，服务生在纽约大街的一个路口见到了当年的那位老先生，而就在这个路口，矗立着一栋十分豪华的大楼。老人说："这就是我为你盖的新旅馆，我曾经说过的，今天我正式邀请你来为我经营！"服务生很是惊讶，忙询问这位老先生是谁，是不是还有其他的附加条件。老人说："我叫威廉·阿斯特，没有任何附加条件，因为我说过你是我梦寐以求的员工。"

这家旅馆后来成为纽约最豪华、最著名的华尔道夫饭店。1931年正式开始启用，它象征着旅客们极致尊荣的地位，更是全球各国高层政要造访纽约首选的下榻之所。这个被邀经营该旅馆的年轻服务生就是乔治·波特——奠定华尔道夫世纪地位的知名企业家。

故事三：胡雪岩——倾听的艺术

"红顶商人"胡雪岩的成功，不仅仅在于他会说话，还在于他会听话。不管何时，在与何人说话，也不管那人的言辞是如何的乏味，他都可以很专注地倾听，一本正经双目注视，仿佛很感兴趣。其实，他也真的是在听，在关键的地方还能补充一二，使说的人更加滔滔不绝，深感投机而终成至交。

实际上，人类最需要的就是听众，尤其是认同自己并有心灵共鸣的听众。只有先成为一个成功的倾听者，才有机会建立更广的人脉。

故事四：卡内基——钢铁大王

著名的美国"钢铁大王"卡内基于1921年高薪聘请一位执行长夏布。当时很多记者都问："为什么会是他？"卡内基回应说："因为他最会赞美别人，这是他最值钱的地方。"后来卡内基还在自己的墓志铭上写道：这里躺着的人善于使用比他能力更强的人。

乔·吉拉德的例子告诉我们，人脉不是不请自来的，而是需要你不失时机地主动出击，向他人展示你自己。而乔治·波特"一夜"之间从最底层的服务生到最豪华酒店的老总，这一身份的转变本身并不是很难，而难就难在不是谁都有幸遇见"贵人"。但是只要你有心，生活中处处皆"贵人"。胡雪岩和卡内基的例子也在说明一个道理：建立人脉需要倾听的艺术，但同样少不了适时地赞美他人。

细数这些成功人士，他们都有自己良好的人际关系，并且有发达的人脉网。可见，建立人脉是走向成功的关键环节。

人脉主要靠培育，要想为自己培育一个广阔的人脉关系网，心理学家建议做到以下几点。

第一，需要学会做一个有心、有用的人。有心是指在时时处处不忘用心，就如同乔治·波特一样。世间无不充满着机缘，每一个机缘的形成都很可能使自己距离高峰更近了一步，甚至机缘本身便是你的高峰。不放过任何一个帮助他人的机会，也是给自己创造机会，学会从小的细节做起，做好每一件事情，善待每一个人。所谓有用，就是做个对他人有用之人，因为人际关系几乎都是互惠互利的，没有任何实际意义的往来都会很快消失掉。虽然并非所有的交往都是以利益为基础的，但能够保持长期密切往来关系的不是利益就是情感。尤其是在商场，没有利益的交往几乎很难维持。

第二，树立起属于自己的个人品牌，既具有魅力又具有可爱的个性特征。人格的魅力永远是那么的吸引人，一个令人愉悦和欣赏的人总是会给别人留下很好的印象。一个人身上必须要有一个闪光点，不求完美卓越，但一定要让人印象深刻。

第三，主动展示自己，并了解对方的兴趣爱好，力求找到共鸣。人际交往的相似性定律告诉我们，某些相似甚至相同的特质会让两个人走得更近，产生相互的吸引力。而一旦与对方建立起关系，就要设法进一步地巩固和发展。如果是在工作基础上建立起来的友谊，其价值一般比较高，是培育人脉最关键、最重要的渠道。

第四，多做事，在实践的过程中让你的人脉运转起来。建立起来的人脉就要时常运用，否则就会慢慢生锈。职场中人见面不外乎两点，一是寻求合作契机，二是精神上的交流。这是内在心灵的需要，生意场上的烦心事，或许也只有向商场中人诉说才有心灵的共鸣。

第五，掌握关系建立和巩固的技巧。很多人脉的发展都建立在一个小小的细节上。比如你收到一条短信息，及时回复并以自己的回复收尾。这就是技巧，别人会觉得你愿意并且很乐意与之联系，心中自然会增添几分好感。答应的事情不管多忙都不能忘记，更不能随意应允某件事情，随之又抛诸脑后，等等。这些可以说是细节，而一旦养成就是很好的习惯。时间长了，你会发现或许正是这些好的习惯为你在不知不觉中壮大了人脉。

第八章
职场其实是一场没有硝烟的战争

我们每个人都似乎要靠工作来安身，生命中多半的时间都耗在了工作上。然而身在职场打拼却不是易事，需要懂得很多准则与理念。既要注重自身的潜能发展，还要搞好与他人的合作，搞好与上司和同事的关系。深谙职场规则，掌握成功的技巧方能走向成功。机遇有时候需要主动争取，而不是碰运气碰来的，那么我们要怎样在职场上抓住机遇呢？在没有成功之前，要如何说服自己做默默无闻的员工呢？当遭遇对手，是你的幸运还是不幸？与上司相处最忌讳的是什么？成功者具备的品质你有吗？带着诸如此类的疑问，与以下故事中的人物开始对话吧！

不放过任何一线生机——职场上处处是考验

今年二十七岁的小韩想要跳槽，经过一些面试都没有合意的工作。最后决定参加一家美国独资企业的面试，这次小韩似乎感觉到这也许正是自己想找的工作。以前他就听说过美国企业的人才筛选极为严格，经过一番准备后，还是避免不了紧张。

在一间小型的会议室里，小韩的面试开始了。首先进来给小韩面试的是销售部的经理，他简单问了小韩几个关于市场拓展方面的问题，根据以前的经验，小韩也算是对答如流了。接着进来的是制造部的经理，他问的是一些控制产品不良率方面的问题，小韩也都谨慎地做了回答。这两关都过来了，小韩正想喘口气，财务部的经理就进来了，只问了他一个问题：你对公司的薪资有什么要求？小韩想想以前的应聘经历，然后说："我对薪资没有任何的要求。"本以为这个回答经理会满意，没想到经理耸耸肩说："那就不好意思了，看来你没有诚意为本公司工作。"小韩一听，心沉到了谷底。财务经理接着说："既然对薪资没有任何要求，那么公司要怎么对你提出要求呢？我们招的是人才和精英，可不是混日子的人。因为我们认为没有薪资回报要求的员工，多半就是混日子的人。"说完，财务经理打算起身离开。"请等一下，我要求的薪资是三千元左右。"小韩不愿错过这个机会，鼓足了勇气说。"那好，你还有机会。"财务经理说完就离开了。

第八章

职场其实是一场没有硝烟的战争

接着，进来给小韩面试的是公司的副总经理，副总经理一进来就坐下打起了电话，一边说还一边示意小韩到文件柜中帮他拿一个文件夹，小韩起身到屋子角落里的文件柜里拿出了一个文件夹，看也没看就放在了副总经理面前的桌子上。就在这时，副总经理放下了手中的电话说："很抱歉，面试结束了，你现在可以出去了。"

小韩一头雾水，"但是我什么都没说，您也什么都没问啊！"

"刚才让你取的那个文件夹就是全部的面试内容。"副总经理说。

"但您可以告诉我，我错在哪吗？"

"好，那我告诉你。首先，柜子里一共有四个编着号码的文件夹，你并没有问我就随便拿了一个给我；其次，你应该快速跑向柜子，以便节省对方的时间和电话费，但你只是慢吞吞地走过去；第三，拿到文件后你应该问我需要哪些资料，然后很快地找到给我，而你并没有做这些，仅仅做了我交代的事情。"

小韩听完，感觉是自己疏忽了这些细节，但还是抱着最后一线希望说："对不起，虽然我没有注意到这些，但请您再考虑一下，我具备一定程度的管理经验，我可以很好地为贵公司拓宽市场做贡献。"

"但我们需要的是一个综合素质过硬的员工，而你的行为已经证明了你并不是最佳人选。北京的人才齐齐，我相信我们一定可以找到一个更加适合的人选。"副总经理说。

"那我可以问最后一个问题吗？"小韩虽然心中沮丧，但依旧保持着礼貌的态度。

"当然可以。"副总经理点点头。

"您刚才说的是人才'齐齐'，我不懂那是什么意思。"

"人才很多的意思。"副总经理似乎有点想笑。

"我明白您的意思了，但是那不是'齐齐'，而是'济济'。希望您不要错用中国词汇。"小韩说完就走出了房间。

175

第二天，小韩很意外地接到了这家公司的电话，通知他已经被正式录用了。

原来，在小韩纠正他发音错误之后，副总经过反复思考，认为能够指出他人错误也是一个很难得的优点。被录用后的小韩在岗位上不敢有丝毫的懈怠，因为职场上处处都是考验，稍不留意就会面临被淘汰的危险。

身在职场不前进就会落后，稍有不慎就会被淘汰出局，俗语说"职场是一场没有硝烟的战争"，的确如此。似乎我们每一天都在焦急地等待着被委以重任，还记得那句话吗？"天将降大任于斯人也，必先苦其心志，劳其筋骨，饿其体肤，空乏其身，行拂乱其所为"。于是，每当面对一些微不足道的小事，饱受某些折磨的时候，总是可以安慰自己坚持，不自怨自艾，怨天尤人，跌倒之后再次爬起来，想着终有一天会得到施展抱负与才华的机会。但是有多少人能在无尽的挫折面前热情依旧呢？面对平凡的琐事和挫折，或许有些人已经开始敷衍了事，所谓"一朝被蛇咬，十年怕井绳"，殊不知成功的机会就在无谓的叹息和忽略中悄悄地溜走了。

故事中的小韩，如果在财务经理面试的那一关就放弃了，那他就不会有后面的机会；如果他在副总经理说"你可以出去了"的时候，不做任何争取默默走出去的话，那么他最终就不会被录取。实际上，职场中的竞争往往不是简单的学历文凭，也不是你在面试官面前自认为表现得有多么完美无缺，重要的还是那种百折不挠的精神。不到最后的关头绝对不要说放弃，不是最后的角逐绝对不能认输。不害怕在途中跌倒的人，才有爬起来成长为巨人的机会。

第八章

职场其实是一场没有硝烟的战争

想抬头就先学会埋头——蘑菇效应

春秋时期，吴王派兵攻打越国，不想却被越国打败，吴王也因此受了重伤。吴王在临死之前告诫儿子夫差一定要为自己报仇，夫差牢记先父的嘱托日夜练兵，两年之后发兵攻打越国。越王勾践被吴王夫差打败，被包围之际勾践准备自杀，这时谋臣文种拦住了他，建议勾践贿赂吴国大臣伯喜否。于是文种带着美女西施和众多财宝来到吴国，献上西施请求吴王饶恕，并说越王愿意投降，做吴王的臣下伺候他，这时被贿赂过的伯喜否也站出来帮文种说话。尽管伍子胥严辞反对，但当时吴王看上了西施的美色，加上被打败了的越国已经不足为患，便接受了文种的建议，将军队撤出了越国。

吴王撤兵后，越王夫妇被迫到吴国做奴仆。越王把国事交给大夫文种处理，带着范蠡一起到了吴国。夫差生病期间，勾践前去面见，他当着众人的面品尝了夫差的粪便，还说自己曾经跟随名医学过医道，可以根据病人粪便的味道诊断病情，并直言："大王的粪便味酸而稍带苦涩，这是患上了医学上所谓的'时气病'，并无大碍，休息几天便会好转。"没过几天，夫差的病果然好了，因此对勾践的印象也有了明显的转变。后来经过不断的努力，勾践最终赢得了吴王的充分信任。三年之后，勾践夫妇才得以回国。

回国后的勾践立志发奋图强，因为担心自己贪图安逸的生活，消磨掉了报仇的意志，就每天晚上以草堆为床铺，以兵器为枕头。后来还在屋里挂上一个苦胆，每天起床后都不忘品尝一口苦胆的滋味。门外的士兵这时就会问一句："你忘记了三年的耻辱了吗？"这期间，勾践把国家政事都交给文种处理，军事交给范蠡，自己亲自到田里与农夫一起干活，妻子纺线织布，过着农民的苦日子。这一举动感动了越国上下的臣民，经过十年的艰辛努力，越国终于再次强大起来。

而此时的吴王则沉醉在酒色之中，生活骄奢淫逸。自从打败了越国之后，便以为没有了后顾之忧。为人狂妄自大的夫差经常不顾生灵涂炭出兵攻打他国，他还轻信伯嚭否的话，将忠臣伍子胥斩杀。看似强大的吴国，实际上已经岌岌可危。

就在公元前482年，吴王夫差又带兵北上，企图与晋国争夺诸侯盟主之位。越王勾践则趁吴国精兵在外之时发兵攻打吴国，顺利打败了吴国并杀了太子友。消息传到夫差的耳朵里，忙派人求和，勾践答应了。第二年，勾践再次起兵攻打吴国，这时的吴国已经是强弩之末，再次向勾践求和。范蠡坚决主张灭掉吴国，求和不成的夫差后悔莫及，拔剑自杀。

这就是历史上有名的勾践卧薪尝胆的故事。越王勾践最后之所以可以成功消灭吴国，就是因为他懂得在成功之前历练自己，吃尽了苦头，却依旧坚忍，经历了地下的阴暗和潮湿，最终破土而出，沐浴阳光，这就像是一只蘑菇的成长经历。

心理学中有个"蘑菇效应"，指的是一个人在事业上的成长经历，也暗指最为漫长的磨炼，更是最痛苦的磨炼之一，它对人生价值的体现起到至关重要的作用。如果把勾践的故事应用到职场上，那么勾践的复仇就是他一生的事业，在经历过"卧薪尝胆"之后，最终消灭敌国，得以报仇雪恨。

第八章
职场其实是一场没有硝烟的战争

职场上无论多么优秀的人才，在事业的起步阶段都经历过一段蘑菇般的经历，不同的是时间的长短。时间长的人，可能会被人认为是无能者；而时间短的人，便是成功者。你不知道自己还要做多久的蘑菇，但你唯一可以做的就是做好"蘑菇"阶段的每一件事，过好每一天。永远不要放弃成长的机会，相信每天都有希望，这希望带给你的将会是勇往直前的巨大动力。那么还担心什么呢？在工作中不要急于求成，按部就班做好眼前的工作，更不能因为一点小成就就得意忘形。给自己一个准确的定位是很重要的，只要有持之以恒的精神，终会有脱颖而出的一天。

"蘑菇"经历是一个人一生中的宝贵财富。职业道路上的磨炼不是舞台上的演出，不仅需要进入角色，还要承受现实生活中的种种不幸，经历事业上屡挫屡败的痛苦。事业中总有种种不如意，但一个意志坚强的人，却能将逆境变成顺境，能在挫折中找到转机。所以，一帆风顺的人很难取得超常的成就。这段忍辱负重的经历就像蚕茧，是羽化前必须经历的一步，也只有那些能够忍受这一切的人才能得到阳光普照的机会。

把对手当做前进的动力——鲶鱼效应

众所周知的世界著名的汽车公司奔驰汽车公司,是卡尔·本茨和威廉·戴姆勒联合成立的。

刚开始的时候,两个人几乎是同时发明了人类历史上的首辆汽车,然后又在不久之后成立了各自的公司,似乎命运已经注定了要他们走在一起。早在1896年的时候,戴姆勒就设计出了一辆马达载重车,本茨则抢在戴姆勒之前就制造出了第一辆公共汽车。于是,不甘示弱的戴姆勒又在1900年顺利研制出了一种新式的高速轿车,当时奥匈帝国的总领事埃米尔·耶利内克一次性订购了三十六辆之多。但是耶利内克在订购之前提出了一个条件,就是要用他女儿的名字"梅赛德斯"为汽车注册新商标。就这样,从1920年开始,"梅赛德斯"汽车就风靡了全球,这也给本茨汽车带来了很大的压力。

这时,美国福特汽车厂开始崛起,并把目光瞄准了欧洲市场。此时的本茨和戴姆勒两家汽车制造厂依旧处于激烈竞争的态势之下,却不想福特汽车物美价廉,很快就涌进了德国市场,一辆辆福特T型汽车在德国的大马路上奔跑,使得本茨和戴姆勒深感形势不妙,眼看本茨和戴姆勒两家汽车制造厂就要陷入危机之中了。

就在1926年的一天,本茨前去拜访戴姆勒,力求促成本茨和戴姆勒两家公司的合作。当时的戴姆勒已经九十二岁高龄,他热情接待了比

第八章

职场其实是一场没有硝烟的战争

自己小了十岁的本茨，答应了合作。一个月后，两家公司合并，命名为"戴姆勒——奔驰股份公司"，两位元老级的人物分别担任了该公司的董事长和总经理。这家公司在双方的共同努力下得以迅速发展。

都说"生于忧患，死于安乐"。从开始的本茨和戴姆勒互不服输，两家公司分别在自己的轨迹上毫不懈怠地前进着，到后来出现了福特，使得这两家公司几乎同时陷入危机，最后才促使奔驰的应运而生。我们不得不感叹，有时候对手就是鞭策你奋力前进并取得成就的最有力助手。

心理学中有一个"鲶鱼效应"，说的也是类似的道理。

相传，挪威人喜欢吃沙丁鱼，特别是活的沙丁鱼。在鱼市场上活的沙丁鱼价格比较高，因此渔民们都希望沙丁鱼能够活着回到渔港出售。但是事实上，这种情况太难了，即使渔民们采取了很多措施，大量的沙丁鱼还是死在了半路上。很难做到，并不是没人做得到。后来人们发现，有一条渔船总是会运回很多活着的沙丁鱼。对此大家感到不解，船长对其中的秘诀始终保持缄默的态度。

直到船长去世的那天，谜底才得以揭晓。原来，船长每次捞到沙丁鱼后，都会在鱼槽里放进一条鲶鱼。由于鲶鱼进入之后，感知到环境的陌生便四处游动。沙丁鱼见到鲶鱼会觉得十分紧张，便四处躲避鲶鱼，左冲右突，快速游动，如此一来，大部分的沙丁鱼都会活着回到渔港。

正是你的对手将你一次次逼上绝路，而你也会一次次从挫折中爬起来，最后你不仅没有失去什么，还收获了对方不可能拥有的宝贵经验。日本著名企业家松下幸之助曾经说过：长久不懈的危机意识是企业立于不败之地的基础。对于我们个人而言，长期存在的竞争压力是一个人永不停步的动力。我们在极其激烈的竞争中，深感自身的"困境"，但如果没有这些看似艰难的"困境"，你可能永远都不知道自己的能力到底有多大。人的潜能是无限的，关键要看是不是能够爆发出来。

"鲶鱼效应"折射出的理念，不管是对企业还是员工个人都有非常深刻的警醒作用，竞争和激励其实一样重要。

据说在澳大利亚的大草原上有一个广阔的牧场，牧场上狼群猖獗，常常轻而易举地就吃掉了牧民们的羊。大家很担忧，长此以往狼会把他们的羊都吃完的。于是，大家联合起来向政府求助。政府接到求助后，派出军队将狼群消灭殆尽。没有了狼群的威胁，羊的数量很快增长了，牧民们很快乐。但是不久之后，人们就发现羊的繁衍能力越来越低，并且出生的小羊体质很差，羊毛的质量也远远不如从前。牧民这才明白，原来没有了狼群这个天敌，羊的繁衍能力和生存竞争能力也就逐步退化了。后来，大家又前去请求政府，将狼群引进牧场。当狼群再次出现在牧场上时，羊的数量虽然减少，而生存和繁衍能力却增强了，羊毛的质量也得到了提高。人类也是一样，如果长期在没有竞争的环境中生存，就会渐渐变得贪图安逸，不思进取，长此以往只能越来越碌碌无为。

可见，我们该感谢那些带给我们危机感的对手们，正是他们让我们永远保持斗志，不断迈出前进的步伐。

在一个企业中，长期安逸稳定的工作状态会使员工很快陷入混沌，工作积极性降低。要想促使大家随时都保持着高度紧张的积极状态，"鲶鱼"的引进是必不可少的。这样的"鲶鱼"会激活团队间的竞争意识，当大家意识到再不努力就要丢饭碗的时候，才能最大程度上激发出其无限的潜能。

本田公司的知名度之所以在欧洲乃至亚洲都有明显的提高，并最终成为全球知名的跨国公司，就是因为它善于引进外部人才，这在一定程度上调动了其他员工的积极性。但也存在一些局限，长期从外部引进人才会使得内部人员晋升的机会流失，员工的忠诚度也会不知不觉降低，对公司的稳定发展很不利。因此，企业不妨从内部选拔人才，一方面增强了内部的竞争力，一方面也是"鲶鱼"的内部制造。

企业界有种说法："假如一个领导者不能让他的员工感受到危机的存在，那么很快他就会失去信誉，进而失去效率与效益。"而这种危机感并非仅仅来自于企业组织内部，还有整个行业乃至全球经济的发展状况。

总之，不管是企业内部还是外部环境的危机感，都能使人产生一种生存竞争力，保持一颗清醒的头脑。安逸造就的永远是停滞不前和庸碌无为。因此，不要害怕对手，越是激烈的竞争，造就出来的奇迹往往就越多。

大臣富凯的悲剧——职场潜规则

年轻的国王路易十四宣布亲理朝政，消息一经传出举国上下高呼万岁。可有一个人却沉下了脸，他就是王朝的财政大臣尼古拉·富凯。

尼古拉·富凯生性就是一个喜好挥霍的人，他的生活永远不能缺少的是豪华奢侈的宴会、美丽漂亮的女人、纸醉金迷的歌舞笙箫。他打小就成为神童，一方面很会算计，一方面又慷慨大方，二十岁就开始从政，并很快在政治上崭露头角。后来他又很精明地投靠了红衣主教黎塞留以及其继任者马萨林，之后凭借其出色的才能积极结交了众多权贵，官位也明显上升。在1650年的时候，他被马萨林任命为高等法院的检察官，专门管理那些不听话的大法官们。1653年还接手了财政大臣的位置，这对于他来说，真可谓是天下第一大肥差了。

富凯生得一身精明能干的本领，是国王不可或缺的左右手。在那个动荡不安的时代，富凯用自己的智慧使国家财政机器维持着良好的运转状态，其难度以及为波旁王朝做出的贡献是有目共睹的。但同时，富凯也是一个仅次于马萨林的贪官，不仅用尽一切手段剥削百姓，还侵吞国家的金钱，编造各种掩人耳目的账目。马萨林实际上并不喜欢富凯，认为他过分骄纵，锋芒毕露，可实际上似乎只有这位"财神爷"能够满足首相那永无止境的欲望，毕竟马萨林是财政管理上的短手，种种因素导致两人最后狼狈为奸。

第八章

职场其实是一场没有硝烟的战争

在1661年首相马萨林去世的时候，富凯满以为自己会是该职位的继承者，可没想到的是，国王竟然废掉了首相职位。这让富凯心里很不舒服，一度怀疑自己已经失去了宠幸。

为了再次赢得宠爱，讨得国王的欢心，他决定举办一次空前绝后的奢华宴会。在这场为庆祝富凯的维克姆特别墅落成的宴会上，出席的都是当时欧洲最为显赫的贵族、最伟大的学者，像拉罗什富科、拉芳田、塞维尼夫人等。著名的作家莫里哀甚至还为这次宴会写了一出戏剧，在晚宴的时候粉墨登场。

当时的宴会可谓是空前的奢华，首先以七道主菜拉开帷幕，另外还有大家从来都没有品尝过的东方食物和其他一些创新的菜肴，富凯还特意聘人创作了优美流畅的动听乐曲，以此向国王表示敬意。

晚餐结束后，大家一起参观了维克姆特别墅的庭园以及喷泉。富凯陪同路易十四在按几何图形排列布置的灌木丛和花坛间穿梭，欣赏灿烂的烟花以及莫里哀精彩的戏剧表演。一直到深夜，宾主尽欢，前来参加宴会的人都说这是他们迄今为止参加过的最为奢华和气势不凡的盛宴。

可是，意料不到的事情发生了。第二天的清晨，当富凯还沉浸在一片得意之中的时候，路易十四就派出了侍卫逮捕了富凯。三个月之后，富凯被指控窃取和霸占了国家财富，其所被指控的罪行皆得到了路易十四国王的认可。

后来，尼古拉·富凯被关进了庇里牛斯山上的一座监牢里，从此与世隔绝，在单人牢房中度过了他剩余的人生。

酿成富凯悲惨结局的罪魁祸首，不是别人正是他自己以及他举办的那场所谓"空前绝后"奢靡的宴会。路易十四本性傲慢自负，希望自己永远是众人关注的焦点，自然无法容忍任何人在豪奢挥霍方面凌驾于他。

而富凯身为路易十四的臣子，并没有扮演好一名臣子的角色，他所举办的那场奢华宴会，本意是为博得宠幸，却"不幸"地将自己变成了众人瞩目的对象，无形之中抢尽了国王的风头，使路易十四陷入尴尬的境地，试想路易十四岂能容得下他？

这个故事告诉我们，身在职场首先务必要充分了解你的上司，不管什么时候，都应该以上司为中心，千万不能抢上司的风头。否则，一旦犯了喧宾夺主的错误，让你的上司威严扫地，自然会引起上司对你的不满与厌恶。这就是身为员工应该懂得的职场潜规则。

心理学中关于职场潜规则有一个很有趣味性的心理效应叫答布效应。关于该效应的由来也有一个很有意思的说法。相传在原始社会，由于生产力水平的低下，有限的科学文化水平限制了人类社会的发展。当时人们对神怪之类的东西有一定程度的畏惧，对一些污秽之物也有一种禁忌心理，认为一旦触碰便会受到惩罚，蒙受灾难。因而人们都远远地避开，带着敬畏之情小心翼翼，避免自己一不小心踏进这些禁区。那时还没有宗教、道德等观念以及法律法规等来约束人类的行为，因而人们就把这些当做行为规范的标准，这样的习俗被史学家称为"答布"，是一种"法律诞生前的公共的规范"。

实际上，每一个身在职场的人都有一套属于自己的角色脚本。除了办公室里规定好的白纸黑字的条条框框，还有一些隐性的"答布"是必须遵守的，它们也是你扮演好自身角色的必要条件。"答布"给我们几条职场建议。一、假如你是新人，谦恭很重要。这是职场始终不变的"论资排辈"规则。二、凡事不必看得太真切，正所谓"难得糊涂"。三、分清级别是比较保险的。上司永远和自己不是同一个级别的，因此不管在何时，都应该表现出尊重和赞赏。四、微笑和友好是好人缘的前提，同样也会使自己心情大好。五、勤奋和努力永远不过时。不要奢望成为第一名，因为第一名只有一个，你需要做的就是不要让自己落后，蓄势待发的姿态会让你越来越优秀。六、学会说谎。不是要你去恶意欺骗别人，而是要你学会用善意的谎言为自己谋得生路。任何时候，你都要相信赞美会让别人更加喜欢你，是不是真心的，自己知道就行了。

吃西瓜的年轻人——有舍得才有收获

在印度的热带森林里，捕猎人喜欢用一种很奇特又十分有效的方式捕捉猴子。人们首先准备一个小木盒，将它固定好，里面放上一些猴子特别喜欢吃的坚果。这种盒子不是简单的盒子，猎人们会在木盒上开一个小口，刚好可以让猴子的手伸进去，猴子抓到坚果后就无法拔出来了。聪明的猎人用这种方法捕获了众多贪吃的猴子，猴子之所以会上当，就是因为一旦他们抓住东西，就不会再轻易放手。

猎人在用这种方法捕获猴子的时候，总是或多或少地嘲笑一下猴子，但是人类自己何尝不是猴子的翻版呢？

曾经有一个年轻人，找一个富翁请教成功之道。这位富翁说要先请他吃西瓜，于是就将三块大小不等的西瓜摆在年轻人的面前，并且说："假如这三块西瓜分别代表不同程度的利益，那你选择哪一块？"

"自然是最大的那一块啦！"年轻人毫不犹豫地回答说。

"那好，请吧。"富翁示意年轻人吃西瓜，并将最大的那块递给了年轻人，而自己拿起了最小的那块。

不一会儿，富翁就吃完了那块最小的西瓜。于是他随手拿起另外一块西瓜吃起来，脸上呈现出洋洋自得的表情，还将西瓜在年轻人的眼前

第八章

职场其实是一场没有硝烟的战争

晃了晃。

年轻人这才恍然大悟：开始时，富翁的瓜虽小，但是他比我吃得快。这样实际上，富翁吃得还是比我多。

人们总是期望得到最大的、最好的，于是紧紧抓住不放，却错过了那些更大的、更好的。到最后，自以为得到了最好的，可实际上却并非如此。

美国电话电报公司的前总裁卡贝根据这类现象提出，放弃有时候比争取还要有意义，放弃是实现创新的钥匙。在世界上，这一现象不管是对于动物还是人类，不管是在哪一个领域都普遍存在着。人们用提出者卡贝的名字将这种心理现象概括为"卡贝定律"，也称"卡贝心理效应"。

职场上的每一个人都要懂得适当的放弃。

1964年，日本松下通信工业公司突然向外界宣布不再做大型计算机的投资生产。那时，松下已经花了五年的时间研制电子计算机，投入研究开发的资金高达十亿日元，研发眼看就要进入最后阶段，可就在这个时候，松下幸之助对外宣布放弃。很多人都唏嘘不已，想不明白究竟是什么原因让松下做出如此果断的决定。

而事实已经向众人证明，当初松下的决定是完全正确的。当时就是因为松下幸之助将眼光放得长远，他认为大型电脑市场的竞争是十分激烈的，稍不留心就可能让整个公司陷入危机之中，如果到那个时候再撤退为时已晚。撤退之后的发展趋势都在松下的预见之内，由此才有了今天的松下。

万事有舍必有得！在你失去A时，就必然会获得B或C，只是你常常不自觉罢了。19世纪中叶，很多美国人都加入了淘金热潮，大家成群结队地来到美国加利福尼亚州淘金。一名叫亚摩尔的农夫也加入了，想试试运气。当他跟着队伍来到了加利福尼亚州，便感觉靠淘金发财十分不易，于是他想要放弃。可就在这时，他发现这些金矿所在的地区，常年缺水干燥。淘金的人也经常抱怨说："谁要是给我一壶凉水，我情愿给他一块金子。"亚摩尔想，要是我向他们卖水，说不定比自己去淘金子还能获得更多的财富呢。于是亚摩尔放弃了淘金，选择了另外一条致富之路。亚摩尔开始挖掘水源，把得来的水进行过滤处理之后，作为饮用水高价出售给那些前来淘金的人们。事实证明，亚摩尔当初的选择是正确的，不久他就成了当地最富有的人，而那些淘金者依旧什么都没有。

这就是职场上的卡贝心理：放弃是创新的前提，创新是开启成功大门的钥匙。凡事不要一味地执著，适时地转身会有更好的出路。

第八章

职场其实是一场没有硝烟的战争

藏族的犬獒——无数对手造就一个强者

远古时候的藏区,有一种藏犬在幼年时期刚长出可以撕咬的牙齿时,它的主人就会把它们丢进一个既没有水与食物又封闭的环境中,让藏犬之间相互撕咬,最后幸存下来的藏犬就是"獒"。一般情况下,十只藏犬里面才能出现一只"獒",这就是生存在青藏高原的藏獒,也叫家庭卫犬或牧羊犬。

之所以要进行那场残酷的撕咬斗争,是由藏民特有的生活方式决定的。藏民过的是一种以游牧为主的生活,藏犬必须要能承受极其恶劣的气候条件,抵御瘟疫且能够顺利生存下来。藏民在自然选择的基础上又要进行人工选择,要让幸存下来的藏犬经历那场激烈的"厮杀决斗"。当然在藏犬中,体格健壮是非常重要的,既要凶猛、忠实,又要善于牧牲。也就是说,留大不留小,留强不留弱,雌雄两者间的比例是1∶20,其他的都被无情地抛弃了。

这样看来,一只犬獒的诞生是用无数只失败的藏犬换来的。拼命地撕咬的结局不是你死就是我亡,最终的幸存者才有资格做犬獒。这是多么残酷的斗争!人类又何尝不是如此。在无数困境和磨难中接受锻炼,忍受痛苦。经历一次又一次的挑战与厮杀,谁坚持到最后,谁就是最终的强者!这种现象被心理学家们称为"犬獒效应"。它告诉我们,在当今飞速发展的变革社会，没有对手就没有竞争，没有竞争就没有进步，没有进步就没有生存之地。

细数那些成功人士的不凡经历，我们会发现，鲜花与掌声的背后几乎都有一段不为人知的辛酸历程。就如同藏獒一样，假如没有严格的筛选，没有那场激烈的"厮杀"，即使是身强体壮的藏犬，恐怕也很难适应残酷的环境。因此，经历过磨练后取得的成功是难得的，更是上天赐予的无价之宝。如果你想要成就自己，那就不要惧怕眼下的困难。

可见，我们在职场上的每一份考验都是迈向成功的步伐。不管是个人，还是企业自身，面临竞争就如同藏犬面临厮杀，勇者拼到最后，一场激烈的"厮杀"决定了谁是最后的"獒"。但是企业又和藏犬不一样，因为败下来的藏犬就会被抛弃，而一个人或企业在失败之后还可以重新站起来。既然被对手超越，那就积极借鉴其值得学习的长处为自己所用。在走向成功的路上，失败是常有之事，重要的是在失败后继续坚定必胜的信念。世界上没有永远的强者，更没有永远的失败者，有的是可不可以坚持到最后不放弃。

在今天的大马路上，随处可见一辆辆丰田车，大家已经再熟悉不过了。其实丰田公司在首次进入美国市场的时候，并非是一帆风顺的。当时丰田尽管已经使出了浑身的解数，但还是以失败告终。而这次失败给丰田的教训就是一定要研制出一种符合美国人消费需求的汽车。于是，他们派出一个专门的调研小组，对美国消费者及其代理商的需求进行精细的研究，并深刻总结上次失败的症结所在。此外，丰田公司还研究进入美国市场的其他外国汽车的品牌特性，从中取长补短，在品牌划分的基础上找到了市场空白点，并以此作为进军美国市场的突破口。并用更加完善的销售服务战略做好了五年后再次进军美国市场的准备。可想而知，五年后的丰田大获全胜。

第八章
职场其实是一场没有硝烟的战争

　　以上给我们的启示是，企业在激烈的市场竞争下，失败是垫脚石，从中汲取教训是关键。把对手看作你学习的对象，目标明确并且坚持不懈，才能像藏犬一样在残酷的"厮杀"中摇身变成"獒"。拿破仑也说过：在最困难之时，便是距离成功不远之日。

多米诺骨牌效应——小事也不容怠慢

早在宋宣宗二年,民间即已出现了一种叫做"骨牌"的纸牌游戏,并在宋高宗时期传入宫中,接着很快就在全国流行开来。由于当时的骨牌多数都是用牙骨制成,因此又叫"牙牌",在民间称为"牌九"。当时有个叫"多米诺"的意大利传教士来到中国,不久他就喜欢上了这种游戏。于是,在回国的时候他就把一副骨牌带回了自己的国家米兰,并把它当做最珍贵的礼物送给了自己的小女儿。

回国之后的多米诺想让更多的人来玩这种游戏,于是他制作了大量的木制的骨牌,还发明了各种各样不同的玩法。不久之后,木制骨牌就迅速在意大利乃至整个欧洲传播开来,并被视为欧洲人极为高雅的娱乐项目之一。后来,为了纪念多米诺将骨牌传入欧洲,人们就给这种骨牌游戏取名为"多米诺"。到了19世纪,"多米诺"已经成为一项世界性的游戏,并且在非奥运项目中,它可以说是普及地域最广、知名度最高、参加人数最多的游戏了。

有趣的是,人们发现骨牌在竖着的时候重心很高,而倒下时重心就下降。在这个倒下的过程中,重力势能会转化为动能,当它倒下砸在第二张骨牌上时,动能便转移到第二张骨牌上,接着第二张骨牌也倒下。当动能传递给第三张骨牌时,第三张骨牌接收到的已经是第一张骨牌和第二张骨牌的动能之和了,于是第三张再传递给第四张……因此,每一张倒下的骨牌动能总和都比前一张大，也就是说，骨牌倒下所产生的动能是逐渐变大的，倒下的速度也逐渐加快。

当越来越多的人知道这个奥秘，并了解了它的来历之后，"多米诺"便成了一个术语。人们赋予它一种引申意义：在一个相互关联的系统内，一个极小的初始能量就能够产生一连串的连锁反应，这种反应称为"多米诺骨牌效应"。

曾经有位物理学家做过一个实验，他自己研制了一组骨牌，总共十三张。第一张是最小的，长约9.53mm，宽约4.76mm，厚约1.19mm，几乎没有一个小手指甲盖大。第二张、第三张、第四张……以后的每一张都会比前一张大1.5倍，该数值的选定是根据一张骨牌倒下时所能推倒的1.5倍体积的骨牌确定的。依次类推，第十三张骨牌长达61mm，宽30.5mm，厚7.6mm，牌面相当于扑克牌，厚度约是扑克牌的二十倍。当研究者把这些骨牌依次排列好，并将第一张推倒，骨牌便依次倒下，测验结果显示，最后一张骨牌倒下时产生的动能比第一张扩大了二十多亿倍。有研究者推断，按照这样的比率发展下去，到第三十二张骨牌时，它所产生的能量已经足够推倒整座帝国大厦。可见，"多米诺骨牌"产生的能量是令人惊叹的。

心理学家将这种从一个微小的力量逐渐转化成为巨大能量的现象称为"多米诺骨牌效应"。它给我们的启示是：一个微小的、不足以察觉力量的渐变，最终引起的很可能是翻天覆地的巨变，有"牵一发而动全身"的意味。很多事情往往就是这样，起初的微小变化不会引起我们的重视，于是这样的趋势一直发展下去，一直到最后产生巨变时才会被重视，但往往为时已晚。

我们在工作上应当注重每一件小事的影响，每一个看似不起眼的小错误累积的影响力不容忽视。有的时候就是因为一件小事没做好，而导致全局出现问题，严重时还可能导致无法挽回的灾难性损失。大家都知道，曾经备受欢迎的三鹿奶粉，以2008年的那次"毒奶粉"事件为转折点，后来逐渐失去了市场，宣告破产。最近几年也不断有新闻爆出某某品牌的食品出现质量问题，甚至一些知名度颇高的产品也屡屡中招，问题究竟何在？实际上都是一些细节性的问题没有被重视，才使得产品上架后不断被检出质量问题。王牌企业的建立可以说是很不容易的，一度的辉煌也不是徒有虚名，但就是这些小小的问题，不断放大后酿成危机，让它们在一夜之间消亡。不能说这些事件属于偶然，每一个企业在生产经营的过程中都是一环连着一环的，只要一个环节出现问题，就会引起一连串的连锁反应。

　　小事不容怠慢，不管是个人还是企业都不能轻视细节的力量，因为它很有可能引起整体的突变。若想永远立于不败之地，那就做好身边的每一件小事吧。有句俗语说："勿以善小而不为，勿以恶小而为之"，再微小积累起来的力量都是不可阻挡的。

甜甜的批评——三明治效应

凯琳是个很温和的老板，但是对待员工她一直是该严厉时就严厉的。有一名职员多次在众人面前开小差，一次还公然在工作时间玩单机纸牌游戏，而他的同事们正在旁边则忙得焦头烂额。虽然这种情况对他来说已经不算稀奇，大家也都习惯了他的懒散。但是老板看在眼里，心中极为不满，想方设法要"挽救"这名员工。因为虽然他平时不努力，但是关键时刻还是可以为团队做出贡献，只是这贡献微乎其微。后来凯琳决定找他进行最后一次私人谈话。

"安迪森，相信你也知道我找你来的目的，因为我们为此谈话的次数已经够多的了，但我想今天也许是最后一次吧。我们虽然看重的是成效，但并不代表过程不重要。公司评业绩，业绩和平时的表现均在考察范围内。鉴于你的业绩，我本来想推荐你升职，可你每次都紧张不起来，这很难让我相信你对这份工作是足够的上心，我觉得你对升职似乎并不感兴趣。"

一席话，让安迪森低下了头。

第二天，在会议上安迪森为自己的表现做了深刻的检讨，任何借口都没有，但大家对他还是不抱什么希望，因为这已经不是第一次了。安迪森说如果大家不信，可以随时监督他，并且他也愿意接受任何督促。后来，大家一致决定再给他一次机会。就这样，半年的时间过去了，安

迪森凭借良好的表现和出色的业绩，成功升了职。

凯琳老板的巧妙批评，使安迪森痛改前非，这就像是一块三明治，在两片面包之间夹上奶酪和几片牛肉以及各种美味的调料，进而变得美味可口，鲜滋鲜味。在批评心理学中，如果将批评的内容夹在两个表扬之间，那么，被批评者就会很愉快地接受批评了。这便是心理学上的"三明治效应"。

在职场上，不管你要批评的对象是谁，上司批评下属也好，同事批评同事也罢，"三明治效应"的应用可以说是很广泛的。反过来说，假如你直截了当地把你的不满和批评赤裸裸摊开，别人并不一定会心甘情愿地接受，弄得不好还会造成误会。而"三明治"式的批评就可以使你取得意想不到的效果。

我们在运用"三明治效应"的时候，需要将批评性的谈话分为三个层面。

首先，给出你的肯定和赞赏，以亲切平和的语气表达你对对方能力的肯定，营造一种和谐的谈话沟通氛围，让对方感觉平静和愉悦。这样，接下来的批评他才有可能听得进去，否则一旦对方产生抵触情绪和防卫心理，你的批评和建议他就不可能有心情听下去。可见，这一层是很关键的一个环节。

其次，在前面的基础上给出你的建议和意见，中间也插进去你的批评和适度的不满，表现出一种期待过后的失望之感。但需要谨记的是批评不是你的目的，只是一种手段，更重要的还在于表达再次的期望，给足面子维护其自尊是前提。比如，你可以说，我一向很看好你，最近是不是身体不舒服，还是家里有什么事情？或者是，凭你的能力这点事情根本就难不倒你，肯定是有什么让你分心了！

最后，你需要做的就是消除其后顾之忧，也就是别忘了给出你的希望和信任以及足够调动起对方"改过"积极性的引诱性因素，让他觉得这样做后唯一受益的人是自己，而非别人。

生活中，我们似乎已经习惯将自己对他人的不满和怨怒，一鼓作气的发泄出来，直接斥责和批评对方。实际上，我们也深知这种方式并不能奏效，很多时候还会弄巧成拙。因为这使对方对你产生了偏见和怨恨，导致人际关系的不和谐。而"三明治效应"提醒我们，批评他人要讲原则，最好最有效的批评是"先赞扬，再批评，最后再表达积极的期望"。

刺猬和乌鸦的故事——你的秘密要自己保守

在森林中,狐狸对刺猬早就垂涎欲滴了。但是刺猬的那身刺是最大的阻碍,只要一靠近刺猬,它就滚成一个大大的刺球,狐狸以及其他的动物就无处下手了。刺猬和乌鸦是要好的朋友。有一次,刺猬和乌鸦聊天时乌鸦说很羡慕刺猬的刺,就像一副坚固的铠甲,森林里的所有动物都没办法伤害到它。最后乌鸦还说:"要是我也有这么一身铠甲做保护该多好啊!就没有其他的动物欺负我了,真羡慕你!"

刺猬经不起乌鸦的吹捧和赞美,于是脑袋一热忍不住把心里话都掏出来了,它对乌鸦说:"其实不瞒你说,我的铠甲也不是没有弱点的。当我全身蜷起来的时候,别人都以为这身刺天衣无缝,其实在我的腹部还有一个很小的地方不能完全裹到刺里。我最受不了别人向那个地方吹气了,只要吹气我就痒得不行,然后身体就会打开。"

乌鸦听了刺猬的话有点诧异,一直以为刺猬的刺很厉害呢,现在才知道它居然还有这样一个致命的弱点。正在想着,刺猬又说话了:"乌鸦老兄,你是我最要好的朋友,所以我才把这个秘密告诉你。我只和你一个人说过,你一定要给我保密,要是被狐狸那讨厌的东西知道了,我就死定了。"

"瞧你说的,我怎么会出卖我最好的朋友呢!不会的,放心吧。"

后来不久,乌鸦在和好友喜鹊聊天的时候,一不小心将刺猬告诉它

第八章

职场其实是一场没有硝烟的战争

的秘密说漏了嘴，于是喜鹊也知道了刺猬的这个弱点，但乌鸦也说了，希望他不要把这个秘密告诉狐狸，喜鹊信誓旦旦地答应了。可是后来，喜鹊也是在聊天中不小心将秘密告诉了大雁，大雁又不小心就告诉了百灵鸟，百灵鸟又告诉了麻雀……后来终于一发而不可收拾，森林中几乎没有谁不知道这个已经不再是秘密的"秘密"了。

一天，松鼠被狐狸抓住了，眼看性命就要没了，但松鼠忽然想到前天刚刚得知的一个秘密，于是就对狐狸说："狐狸大哥啊，我知道你一直很想尝尝刺猬的美味，今天只要你放过我，我就把刺猬的死穴告诉你。"狡猾的狐狸放了松鼠，松鼠便把自己听来的秘密告知了狐狸。

狐狸找到刺猬，刺猬还是像往常一样蜷缩起身体，一个大大的刺球就出现了。但这次狐狸没有退缩，而是朝着刺猬最柔软的地方轻轻地吹了一口气。刺猬无法承受痒痒，便迅速展开了身体，最终成了狐狸的美味佳肴。可怜的刺猬到最后都不知道为什么自己会被狐狸吃掉。

是谁出卖了刺猬？乌鸦、喜鹊，还是大雁、百灵，抑或是松鼠？空穴来风，只要有个穴。当秘密不胫而走的时候，就有无数的免费传播者。刺猬生得一身的尖刺，以此来保护自己，可它却因逞一时的口舌之快，把自己的致命弱点告诉了它所谓的好朋友乌鸦，还期望它能为自己保守秘密，却不想正是它把自己送进了狐狸的嘴里。

其实，真正出卖了刺猬的恰恰是它自己，因为就是刺猬自己将这个本来没有人知道的秘密告诉了乌鸦。如果它自己不说，大家是不可能知道的，并最后传到狐狸的耳朵里。在这样一个充满险恶、弱肉强食的社会里，职场可以说就是一个小型的社会，稍不留神你就可能被"出卖"，而"出卖"你的人往往不是别人就是你自己。

以前就听一位好友抱怨过。他是那种很容易对人掏心掏肺的人，总以为不管在哪里，哪怕是不被大家看好的职场，只要有真心就一定可以找到知心朋友。后来他和一个刚来公司的小伙子因一次很偶然的机会在一起喝了一次酒，那个小伙子很会说话，他说自己刚到公司就认识了我的朋友可以说是缘分，以后还要请他多多关照。我的朋友本来就乐善好施、热情、喜结交好友，听了这番话自然不会无动于衷。在后来的相处中，我的朋友果真就和他交起朋友来。

有一次，我的朋友还把自己藏在心底多年的一个秘密告诉了他，虽然这个新人信誓旦旦地答应了。但不久这件事就在公司里传得沸沸扬扬，当大家都用一种很异样的眼光看着我的朋友时，朋友真想找个地洞钻下去。最终这个秘密还是不可避免地传到了领导的耳朵里，即便朋友在公司的业绩出类拔萃，但经过这件事情之后，似乎一切都不能像以前那样了。他最终选择了离开。

其实，我们每个人的内心都有最柔软的地方，那是甚至连最亲密的人都不能触及的地方。在这样一个充满是非，并不平坦的职场上行走，也许只有一身的刺才能起到保护自己的作用。因此，我们要知道，自己的秘密要自己保守。别人既然已经知道了，就没有义务一定要替你保密了。为了很好地守住秘密，也为了更好地保护自己，自己不要先"出卖"了自己！

第九章

不知道的人生秘密

人生似乎永远都是一个谜，没有人能够猜得透其中的林林总总。亨利·大卫·梭罗说："人生最大的悲剧就在于用其一生的时间去寻找，结果却发现最终找到的并非是自己想要的。"人都是贪婪的，得到后总想得到更多，我们要怎样克服？当情绪像个淘气的小孩子不听话的时候，要怎样管理？当你觉得一件事根本不可能的时候，它却真实地发生了，为什么？你喜欢的就一定是对方喜欢的吗？你会经常将自己的想法强加于别人吗？如何赢得对方的喜欢？……其实，你的身体健康和你的性格息息相关，良好的心理状态是一切财富的来源，那么幸福与成功的脚步也就不再远了！

欲望是深不见底的黑洞——狄德罗配套效应

法国人丹尼·狄德罗是18世纪欧洲那场轰轰烈烈的启蒙运动的代表人物之一,是当时赫赫有名的思想巨人。他才华出众,编撰了世界首部《百科全书》,另外在文学、艺术、哲学等领域都有卓越的贡献。

一次,一个友人赠送给他一件酒红色的长袍,这件衣服质地精良、做工考究、图案高雅,深得狄德罗的喜欢。于是,狄德罗便穿上了它,还把之前的旧长袍丢弃了。不久之后,狄德罗身着华贵的长袍在书房里来回走动时,忽然觉得周围的一切都和这件长袍不搭配。办公桌的陈旧让他觉得不顺眼,风格上格格不入。于是,狄德罗决定把书桌换掉,叫仆人到市场上买了一张与那件长袍相搭配的办公桌。新的办公桌买回来之后,狄德罗开始神气十足地审视自己的书房,结果马上又发现了一个问题,那墙上的花毯看起来很吓人,针脚太粗了,和这件长袍以及这张办公桌一点儿都不搭配,于是他又命仆人换掉了花毯。但是没多久,狄德罗又发现椅子、书架、雕像、闹钟等摆设似乎都显得不搭调,狄德罗就一件件换掉,等到差不多将所有的东西都更换了一遍之后,狄德罗自得极了,他似乎已经拥有了世界上最豪华完美的书房了。

擅长哲思的狄德罗忽然发现,这一切的起因皆源自那件长袍,"我是被那件袍子给胁迫了啊!"狄德罗幡然醒悟。就因一件长袍,为了使周围的事物与其协调,更换了这么多的物件。后来,狄德罗写了一篇文章《丢掉旧长袍之后的烦恼》。

两年之后，这篇文章被美国人格兰特·麦克莱肯读到，他读后感慨颇多。觉得文章所叙述之事就是一个很典型的例子，它揭示的是消费品之间协调统一的文化现象，并且把这一现象用狄德罗的名字加以命名称为"狄德罗效应"。

因为"狄德罗效应"同时也昭示了人类在潜意识中追求一种和谐统一的心理，在相互关联的事物上追求搭配的完美，反映了生活中普遍存在的现象，所以"狄德罗效应"也叫"搭配效应"。它是人根据自己的能动意识，刻意协调环境、适应环境的一种行为举动。也就是当人们拥有了一件新的物品后，不断添置、更换与其相配套的物品，以此来追求并达到心理上的某种满足感和平衡感的一种现象。

实际上，"狄德罗效应"也从另一个方面向我们揭示出一种现象，那就是人类的欲望是无止境的。很多的烦恼均来自于欲望，无欲望便可无烦恼，可天下的人谁没有欲望？没有的时候拼命地想要去追求、去争取，等得到了就开始不珍惜，还想着更好的，似乎得不到的永远都是最好的。这就是人类的欲望，俗话说"欲壑难填"，欲望的坑是深不见底的，越是想要得到更多，就越是不会满足。

相传从前有一个农夫上山砍柴，途中在悬崖边救起一只翅膀受了重伤的天使。等到天使的翅膀痊愈后，他对农夫说自己是上天派到人间的天使，善良的农夫救了她，所以为了报答他，可以满足农夫三个愿望。农夫很高兴地将这个消息告诉了自己的妻子，他的妻子是个精明的女人，这个难得的机会当然不能错过。于是她叫农夫告诉天使，我们想要一屋子的金银财宝，于是天使满足了他们。但农夫和他的妻子却没有因此感到满足，他们又找到天使说，还需要一望无边的良田，天使帮他们实现了这个愿望，并且说现在你们只剩下一个愿望可以满足了。

农夫和妻子躺在广阔无边的田地上，一边美美地享受着，一边在想着最后一个愿望。后来农夫的妻子想到了，农夫再次按照妻子的嘱咐向天使提出了最后一个愿望。"我们希望以后我们想要什么就能够得到什么。"说完这句话，农夫看见那一望无际的田地消失了，那满屋的珠宝也不见了。"怎么会这样！？"农夫与妻子悲愤至极，痛斥天使不遵守诺言。

天使说："人的欲望真的是漫无边际，当欲望无法控制地自我膨胀到一定程度便会毁灭人心。你们一再任由欲望膨胀，不但不加以控制，还想让自己今后的所有欲望全部得到满足，这会让你们更加疯狂，直到最终被欲望毁灭。如今我看在农夫救过我命的面子上，必须及时帮助你们，在你们被欲望毁灭之前救回你们。"

合理追求你的梦想，得到后好好珍惜。追求合理，合理追求。不要被无止境的欲望毁灭了自己的美好生活。

快乐的秘密——原来情绪是可以自己控制的

有一个年轻的小伙子刚刚失恋,痛失女友的他一直摆脱不了阴影,沉重的打击让他情绪很是低落,生活和工作也无法继续,更是不能集中精力做事。一面是对前女友的恋恋不舍,一面是对她抛弃自己的愤愤不平,心里一直有个结打不开。他认为自己其实为女友已经付出了很多,为什么到最后她还是要离自己而去?长期的心理郁结已经严重影响了他的正常生活,于是他决定去咨询心理医生。

小伙子将情况告知了心理医生,医生说实际上他这样的处境还不是很糟糕,只是在潜意识里被自己的想象吓倒了。心理医生首先让他做了心理放松训练,然后做了一个小测试。

"假如你在一个公园的凳子上休息,并将最心爱的书放在上面,这时如果有人过来直接就坐在你的书上,你会有什么想法?"

小伙子说:"我会很生气,他怎么可以如此没有礼貌!"

"那如果他是个盲人,不知道凳子上有东西。你有什么想法?"医生接着说。

"好在只是一本书,要是油漆之类的东西他不就惨了?"小伙子顿了顿。

"那你还会不会愤怒了?"医生接着问他。

"肯定不会了,他不是有意的,我甚至还会有点不忍心了。"小伙子回答说。

"那你为什么会产生这两种不一样的感情呢？"医生笑了。

"我也不知道，同是一件事，也许是我的角度不一样吧？"小伙子望着医生，像是想得到一个肯定的答复。

"说的也对，同一件事情因为看待的角度不同，才会有两种不一样的情绪。同样的道理，生活中那些让我们痛苦的、纠结的，其实并不是事件本身，而是我们对事情的错误解释与评价。"

小伙子在瞬间若有所悟。

正是这个道理，面对同一件事情，你可以开心，也可以不开心，关键就在你的选择。就如同医生所说的"那些让我们痛苦的、纠结的，其实并不是事件本身，而是我们对事情的错误解释与评价"。对一件事情的不同看法，会引起一个人截然不同的两种情绪，这就是心理学上的情绪 ABC 定论。提出者埃利斯认为，就是因为我们常常会有一些不合理的信念，才会使我们产生情绪上的困扰，当这些不合理的信念日积月累，便会引起情绪上的障碍。

这个理论中的 A 指的是诱发情绪的事件，B 指的是个体对该诱发事件所产生的信念，也就是对这件事情本身做出的解释和评价，C 则是指个体因此而产生的情绪以及行为。一般情况下，多数人会认为是由 A 直接导致了 C，也即诱发事件本身直接导致了个体的情绪与行为结果，但殊不知，两者中间其实还有 B 的存在，而情绪的调节，由 A 会引出什么样的 C，关键是 B 在起作用。

你可以很好地掌控自己的情绪吗？也许很多人都会说不能。尤其是当情绪面临低潮的时候，就不由自主地心情不好，没有什么兴趣去做别的事情了。其实有这样反应的人很正常，生活中有太多琐屑的事，我们总是很轻易地就被左右了，如被在乎的人忽视，被老板炒了鱿鱼，被一些莫名其妙的言论诽谤等。但正如上述 ABC 定论所说的那样，事情本身并不能直接导致情绪的负面效应，关键是在 B 的环节上，即你是怎么看的。

上文中的小伙子被女友甩了，他觉得自己的付出被忽视了，是对爱的绝望。而有的人则认为，其实分开也未必不是一件好事，或许命中注定的那个人还没有出现，如果不是因为与女友断了关系，他也不会遇见最适合自己的那个她。这就是区别。再比如，一个屡遭挫折的人，或许他会觉得命运如此的不公，为什么老是和自己过不去呢？于是情绪低落，垂头丧气。但有的人会认为这是对自己的磨练，注定要经历过艰难才能获得最终的成功，于是越挫越勇。这也是区别。

可见，一件糟糕的事情 A，是不是一定引起一个人不好的情绪结果 C，关键在于由诱发事件 A 产生的信念 B，不同的 B 就会引导出不同的 C。这个过程中，个体对诱发事件做出的解释和评价是多么的重要。当事件 A 不可避免地发生了，转个方向还有那么多的路口可供选择。既然这条路不通，何必非要撞个头破血流呢！你的心境其实是可以选择的，除非你自己不愿意，悲观或乐观就在一念之差。

奇迹生成的秘密——皮格马利翁效应

相传很久以前,在一个古老的部落里有一个传统。年轻人想要结婚,先要学会一项本事,那就是抓牛。抓来的牛可以拿来作为向女方家庭求婚的聘礼,聘礼最少是一头牛,最多是九头牛。一次,一个年轻人来到酋长家,告诉酋长说:"我愿意用九头牛作为聘礼,迎娶您的大女儿。"酋长以为自己听错了,因为在他看来自己的大女儿太平庸了,根本就配不上这份贵重的聘礼,而自己的小女儿聪明美丽,这个年轻人一定是搞错了。

于是,这位老酋长诚恳地说:"迎娶我的大女儿,一头牛就够了。你愿意用九头牛作为聘礼,那就迎娶我的小女儿吧!她才配得上你。"出乎他的意料,年轻人坚持要娶他的大女儿。酋长无奈之下,只好同意了年轻人的要求。

大女儿出嫁一年后,一个偶然的机会酋长来到大女婿的家里,恰好赶上一场热闹的聚会。酋长看到很多人围在一起,痴迷地看着一个美貌的女子唱歌跳舞。他困惑地问道:"这个美丽的女人是谁啊?"大女婿恭敬地回答说:"她就是您的大女儿啊!"

酋长简直不敢相信自己的眼睛。大女婿告诉他:"您没有发现她的美丽和潜质,认为她只有一头牛的价值。而我相信她值九头牛,就以这样的价值来珍爱他。所以,她在我身边发生了脱胎换骨的变化,变成了

第九章
不知道的人生秘密

我期待的样子。"

丑陋的女人也会变得漂亮起来不得不说是奇迹,而导致这种奇迹发生的是什么?就是人的期望。皮格马利翁效应来源于一个很古老的传说。塞浦路斯国王皮格马利翁痴迷于雕塑。一个偶然的机会,他自己用象牙雕成了一个绝美的少女,样子十分俊俏美丽。不想皮格马利翁竟然爱上了自己所创造的少女,他每天都会深情地凝视着这尊雕塑,期盼它有一天能获得生命成为自己的妻子。后来,在爱神阿佛洛狄忒的帮助下,雕塑居然活了,皮格马利翁梦想成真了。心理学家便把这种现象称为"皮格马利翁效应"。

美国心理学家罗森塔尔做过一个实验。他到一所小学里面,在一年级到六年级的学生中进行了一次煞有介事的"未来发展预测",然后他将测试的结果一份最有潜力的学生名单记录下来告诉老师们。大概半年后,罗森塔尔再次来到这所学校,对这些学生进行智能测验,结果发现名单上的学生的成绩和表现都有很明显的提高。实际上,那次煞有介事的"未来发展预测"得出的名单只是随机抽取的,并未经过客观的科学检测,意在用这种权威性的谎言来暗示教师,进而加强教师的期待,并将这份期待传递给他们的学生,进而才取得了如此奇迹般的效果。

实验表明,人们往往会在不同程度上受到来自他人潜意识的影响。当你给予他人某种期待时,对方也会在不知不觉中受到你的影响,久而久之便会成为你期待的样子,这就是奇迹生成的秘密。可见,积极的期待和希望对一个人来说是多么的重要。

一些正面的积极的期望会增强一个人的自信心,而负面的消极因素会打消一个人进取的欲望。因而，很多时候不是自己不行，是某些负面因素在起作用，将本会发光的你一次次埋没。如果看见的、听到的都是不好的、失败的信息，哪还有信心去发现自己的优势呢？既然你给他人的积极期待会改变一个人，那么对自己同样是适用的。

因此，要想认识最真实的自己，挖掘出最真实的潜力，那就多收集一些积极的信息，给自己多一些积极的心理暗示。

第九章

不知道的人生秘密

误会的秘密——虚假同感偏差原理

1977年，斯坦福大学的社会心理学家LeeRoss教授做了两项简单而有趣的实验研究。

第一项研究是要求被试验者阅读一份关于一起冲突的资料，告之此冲突可以有两种回应的方式。并且被试验者要做三件事情：首先，被试验者要猜测一下其他的人会选择什么样的方式；其次，被试验者说出自己的选择；最后，被试验者可以简单描述一下选择这两种回应方式的人各自特有的属性特征。实验的结果是，不管被试验者选择的是哪一种回应方式，其中多半的人都会认为别人会做出和自己一样的选择。而在被试验者描述与自己选择不同的人的特征的时候，他们的描述较之于与自己持相同意见的人，则显得更为极端化，因为他们会认为与自己持相反观点的人属于不正常的范围。也就是说，我们很多人都会认为别人与自己想的是一样的，但实际上却不是，对于与自己思想观点不一致的人存在认知偏差。

在第二项实验中，教授请来一批新进校的大学生，并问他们愿不愿意挂着一副上面写着"来XX饭店吃饭"的广告牌在校园中闲逛半个小时。开始的时候，不告诉这些大学生们XX饭店的饭菜有多差劲，也不会说他们挂上这些广告牌在校园里闲逛看起来会有多傻，只是对他们说"这样做你们会从中学到不少有用的东西"。当然，假如这些大学生们不愿意，也完全可以拒绝。实验的研究结果显示，同意挂牌的人中绝大多数人都认为其他的人也会这样做，拒绝的大学生们则大多数都认为其他人也会拒绝。

通常情况下，很多人都会觉得自己爱好阅读，别人自然也会喜欢，那么就很可能高估了喜好阅读的人数；当你在工作中对一个人产生敬意，那么你就很可能高估他的能力，高估他在大家心中的威望，同样你也可能高估自己在人群中的影响力，等等。以上实验证明了普遍存在于人们思维中的虚假同感偏差。所谓虚假同感偏差又叫"虚假一致性偏差"，是人们常常高估、夸大自身信念、判断和行为的普遍性，当遭遇相冲突的信息时，这样的偏差就会使人始终坚持自己的社会知觉。这也是我们为什么会喜欢用自己的理由来推断，甚至是说服他人的原因了。

一次小齐和大家一起吃火锅，开始的时候他一口气点了两大盘虾丸。但是在大家一起吃的时候，却不见小齐吃自己点的虾丸。一直到吃完饭了，旁边的一个人才问小齐："都吃饱了，你点的虾丸怎么都没动几下？"没想到小齐回答说："不好意思，我今天不太舒服，虾丸是点给你们吃的啊，因为我一直觉得很不错。"

正如实验结果显示的那样，人们还会因为别人所持的看法和自己不一样，进而产生偏见乃至极端的人格判断，其实是因为很多人都在心里有意无意地告诉自己："思维正常的人都会和我想的一致。"那么反之就是不正常的。因此才会有人说出："傻子才做那些！""我以为你已经明白了我的意思。""我真的没想到这就是你，太让我失望了！"

心理学研究证明，导致虚假同感偏差出现的原因主要有以下几点。

一、眼前的事情对你来说至关重要，你觉得对方肯定会同你一样同仇敌忾。譬如，当你义愤填膺地将自己满腔的愤怒向某人发泄完毕，你认为对方会如同你一样愤慨，同你一样去怒骂，但是实际的结果是，他面带笑容地劝你消消气，却被你误解为帮别人说话。

二、对自己的想法观点确信无疑并且不允许他人存在质疑。那么，当别人持相反态度的时候，你甚至会怀疑这是对方的人格存在问题。

三、你认为其他的人与自己相似，那就必然和自己站在同一阵线上。其实人与人之间再相似，思想也是不会完全一致的。

四、你认为重要的事件，却得不到大家的理解和期待的感同身受。

五、涉及某种品质。你觉得像考核升职这样的事情一定是十分严肃的，不会有谁想要不通过实际的努力就拥有一切好的东西，也就是说，你觉得自己不会做的事情，其他的人也不会去做。

实际上，人的思想是不可能一致的，别人有权利和你的观点一致，更加有权利与你的观点相违背，这些都是再正常不过的事情。所以当我们在日常生活中遭遇异议，甚至是不被理解的误会时，需要及时联系"虚假同感偏差"的原理，这对于我们建立顺畅的沟通渠道，预防先入为主的错误理解和以己之心度他人之腹的误解是非常有利的。所以，说话时有必要"把话说明白"，阐明自己观点的同时，也可要求对方说清楚自己的态度，避免"为对方做决定"所带来的不快，降低、消除自以为观点一致而实际上并非如此产生的心理落差等。避免虚假同感偏差也是人与人之间正常沟通的必要条件。

备受宠爱的秘密——同理心

现今很少有人不知道和珅,他是我国历史上有名的贪官。但是他却深得乾隆皇帝的宠爱,并且这种宠爱一直持续了二十年之久。可知道和珅的人都清楚,他是一个不折不扣的奸险小人,究竟是什么原因让他如此受皇帝的宠信?

得知乾隆很爱吟诗作赋,和珅就下了很大的工夫收集、学习乾隆的诗作,了解他吟诗作对的风格,谨记他喜好使用的手法、典故,闲来无事的时候自己就吟诵几句,单单这样就让乾隆心里乐开了花,对和珅不得不另眼相看。

乾隆母亲过世的时候,和珅居然陪着乾隆以泪洗面,不吃不喝不睡好几天,整个人搞得憔悴不堪,面无血色。这比起众大臣的规劝,皇亲国戚们无关痛痒的劝慰更得皇帝的心。

要说和珅之所以这么深得皇帝的宠信,其实和他的"有心"有很大的关系。有一次,乾隆皇帝出游,轿子走到一半的时候忽然停了下来。大家都不知为何,皇帝也不言语。当人人都在着急的时候,和珅揣得龙心,立即跳下马,去找来一个瓦盆递进轿中,皇帝很高兴,一路上笑声不断。周遭的人无不敬佩和珅的用心,懂得巧妙地取悦皇帝。

相传在当时顺天(北京)乡试的《四书》考试中,按照惯例是由皇帝钦命,由内阁先期呈进《四书》一部,命题结束后书归内阁。一次,乾隆皇帝命完乡试题目后，那部《四书》由内监送还内阁。恰在途中偶遇和珅，和珅便开始打探命题的情况，内监不敢不说，但也不敢多说什么，只说皇帝手批《论语》，在即将批完的时候就笑着开始写起来。和珅听完思忖片刻，便想皇帝批的一定是"乞醯"那一章，原因是"乞醯"二字中包含有"乙酉"，乡试那年正是乾隆乙酉年。和珅回来通知他的弟子们，当年的乡试题目是《论语》"乞醯"一章，让大家重点看那一章，结果不出所料，那年的乡试题目正是"乞醯"一章。

可见，和珅深得皇帝的宠信并不是没有道理的，因为他不仅能够给足身为一个皇帝需要的颜面，更能从皇帝的"心"入手，每每都能投其所好，取悦龙心。

如果我们简单分析和珅深得宠爱的原因，就是他懂得取悦龙心。但若从心理学的角度分析，这就是"同理心"在起作用。心理学中的同理心最初起源于希腊文，原为美学理论家用来形容理解他人主观经验的能力。1920年，美国心理学家铁钦纳首度用来指代某种行为模仿，认为它其实源自身体上的模仿他人的痛苦，进而引发相同的痛苦之感，也即感同身受，与同情相区别。

我们在人与人的交往过程中，对方的内心世界往往是很难准确把握的，但它又是拉近双方心理距离的有效途径，因此，抓住"同理心"感同身受会取得意想不到的效果。和珅之所以被乾隆皇帝一宠就宠了二十年，就是因为他懂得随时和皇帝"感同身受"。

延伸至生活，同理心就是能够站在对方的角度上思考问题，也就是我们常说的"设身处地"。同理心又叫移情、共情、换位思考，通过对自己的认识来认识他人。在既定的某件事情上，把自己想象成对方，思考是什么样的心理导致了这样的行为，进而引发该事件。当自己接受了该种心理，也就自然而然地接受了对方的心理，那么人与人之间的抵触和摩擦就会减少，而理解和信任就会增加。孔子曾说："己所不欲，勿施于人。"两者如出一辙，换位思考的作用是不可小视的。

不管在生活中，还是在工作上，乃至平常的人际交往方面，接受、谅解对方的处事风格以及行为方式，进而对自我反应加以适当的调节，就是"同理心"的表现。即使因此而改变自己原本的看法和态度，也并不意味着你被同化，甚至妥协于对方，而是一种尊重和谅解的美德。它有助于我们提升生活和工作质量，建立并维持良好的人际关系。

但同理心需要我们克服以下几点心理阻碍。

1. 认为自己不需要去理解他人。在心理学中，这是一种典型的以自我为中心的人，这是不成熟的表现。社会交往本来就是一个互动的过程，过分以自我为中心的人难以在社会上立足，并常常四处碰壁。

2. 认为这些事和自己没关系。这是一种冷漠的处事态度，身边的人遭遇不顺，他认为"和我没关系"，就不会主动伸出援手。朋友失恋痛哭，他认为"和我没关系"，就会不动声色，面无表情，用冷漠回应……久而久之他就会失去最宝贵的东西。

3. 认为自己都知道。这其实是一种过于自信的表现，因处于一个优势的地位以及拥有一套自觉很成功的经验之谈和处事作风，则将其放之于天下，便不会对"同理心"有所在意。但在这类人身上，"同理心"往往是最重要的。

第九章 不知道的人生秘密

健康的秘密——性格也决定健康

这是一个癌症患者的自述。

我以前在一家医院接受断断续续的住院治疗，半年的时间使我忽然明白了许多事儿。在病情稍稍好转的时候，我开始和病房里的一些病友们聊天。因为我曾经读了两个硕士和一个博士的课程，对社会统计和社会调查这两门课程我前后重复修了多遍，因此在病房时就会像个社会调查人员一样，用专业缜密的思维去询问病友们一些问题。因为我自己一直很想搞清楚到底是什么样的人容易患上癌症，这是一项自发的科研行为。

实际上，每当我在病房里像个潜伏的青年学者般做"调查"的时候，自己其实也是癌症患者之一，看起来这像是一件十分讽刺的事。不过值得欣慰的是，经过长期的潜伏工作，我发现患有乳腺癌的人里面大多数都有重控制欲、重权欲、外向、急躁、争强好胜等性格特征，并且她们几乎都有极为相像的家庭经济背景，即拥有家族企业，同时不管在哪里，她们都有"称帝"的嫌疑，男友或丈夫都百依百顺。

后来，我也开始反省自己的性格，自从患病后我才渐渐意识到自己的性格确实有问题，一贯争强好胜，凡事总是追求完美，过于喜欢统领全局，总是亲力亲为爱操心。那时候我试图用三个月的时间去攻读挪威的硕士学位以及复旦的博士学位,但终究拼尽全力还未达到目标,自尊心过强的我根本无法接受。可如今想想,拼来拼去到最后也仅仅是早一年毕业而已,这个世界上有谁会在乎我是早一年还是晚一年毕业呢?一切只不过是自己看不透而已。

我也曾经玩命似的发表文章,搞课题,企图在两三年内做个副教授什么的,但对于实现目标后自己要做什么依旧十分茫然。在家里,虽然我天生没有料理家务的细胞,但是我喜欢操心,尤其是做了母亲之后,不仅心思变得缜密起来,还一度成了家里的CPU。

然而生病后才知道,丈夫和儿子依旧可以活得好好的,没有我的凡事亲力亲为,他们也还是生存了下来,只不过听说多花了些钱。可是金钱在这样的社会还算什么呢?CPI上涨,通货膨胀,就算我一心操到死,几十年后又会省下多少钱?上一辈假如在几十年前就拥有一万元,那就基本上是现在的百万富翁了,可如今现在的一万块还买不到当初五百元的东西。

这是一个身患癌症的女子的自述,从中我们可见其内心的一份挣扎与悔悟,文中也向我们阐明了一个道理,争强好胜之人易患癌症。

英国有项研究表明,性格特征的重要性是超出大家的想象的,因为它对一个人的健康起到决定性的作用。心理学专家根据研究发现,人类性格健康直接关系到身体的健康状况,并且性格的健康和疾病都有着某种对应关系。

害羞型:加州大学的一项研究发现,性格害羞的人往往羞于交际,更容易患病毒感染类疾病。

乐观型:这也是美国加州大学的一项研究,与相对正常的人比较而言,乐观的人平均寿命将延长7.5岁。原因就是乐天派的人往往看得开,心理承受的压力也小，很少会出现器质性病变以及慢性疼痛。

兴高采烈型：同样来自加州大学的研究，兴高采烈欢快型性格的人较之于正常人则更加容易命短，这样的研究结果真的使人难以相信！而专家给出的解释是，这种类型的人往往低估生活的风险，突发事件一旦出现，他们更多感到的是不知所措。

尽职尽责型：加州大学的研究结果表明，这类人属于长寿型，习惯规避风险，因而更易保持健康的行为习惯。

神经质型：研究证明，哮喘、胃溃疡、头痛乃至心脏病都很容易在这类人身上出现。

冲动型：这类人群最易患的是胃溃疡疾病。根据芬兰职业保健研究所的研究，在针对大约四千人的调查当中，冲动型的人患上胃溃疡的风险要高出其他人群2.4倍。

外向型：与乐观型人群较为相似，他们的心脏病发病率相对于常人来说要低15%，不会轻易感染，病后康复得也较快，但这类人比神经质的人更加容易患上肥胖。

忧伤型：情感问题较多地出现在这类人群身上，正是因为他们往往喜欢抑制自己的情感，因此患上癌症和心脏病的可能性也就相对较高。哈佛大学的研究显示，忧伤型人群患冠心病而死亡的几率也是很高的。

焦虑型：较为危险的一类人群，焦虑紊乱症会将患高血压的风险提高三倍。那些患有恐惧性焦虑症的女性朋友，将更加容易患上心脏病、高血压以及高血脂等疾病。

攻击型：美国一项研究以及英国苏格兰的一项研究都发现，攻击型人群容易患慢性炎症、动脉粥样硬化，增加患心脏病的风险，周期性抑郁症的患病几率也很高。

悲观型：悲观性格一直都被认为是不健康的性格，因为与乐观人群相比，悲观确实有害身体健康与长寿。研究发现，悲观型人群早亡风险比乐观者高出 19%，并且日后患上帕金森综合症的可能性很大。

有一则故事。她是一个法国女孩，过着和所有女孩一样的生活，后来谈恋爱，当生活似乎一如既往美丽的时候，噩耗毫不留情地传来了，她患上了子宫癌，已经是晚期。为了保住性命，她选择切除；后来癌细胞扩散到卵巢，她选择切除；然后是另一个卵巢，她还是选择切除；再后来是结肠，她依旧选择切除……在接下来的三年里，她几乎每隔三个月就要做一次大手术，在最后的几个手术中，因为不能再打麻醉了，她只好在没有麻醉的情况下接受手术。如此生不如死的折磨，她已经再也没有了往日的风华正茂。

一直到后来，她为了不拖累男友选择了分手，生活对她似乎已经没有任何意义。就在绝望的时刻，一个朋友惊醒了她，于是她想起了曾经在大海上玩滑板的日子，碧海蓝天，还有洁白的海鸥与她一起飞翔……于是她去滑水，为了有力气站起来，她开始强迫自己吃很多东西。好几个月过去了，她在一次滑水的时候偶遇同样爱好滑水的小伙子，两人彼此了解之后很快坠入爱河，小伙子给了她莫大的帮助和精神鼓舞。之后的很长一段时间，她都没有去医院复诊，因为在海上和爱自己的男友一起生活的日子简直太愉快了，她甚至已经感觉不到丝毫病痛了。

四年之后，也就是 2001 年，她依旧生机勃勃地活着，再去医院的时候，诊断的结果让在场的所有人惊诧和感动，身体所有指标正常！第二年，她去参加世界女子滑水比赛，一举夺得冠军。她就是弗洛朗斯。

知道治愈弗洛朗斯身上癌症的是什么吗？对了，就是她后来面对病魔的好心态以及在死亡面前的坚定信念。不得不说，是性格决定了我们的身体。如果说她一直在悲观绝望中暗自垂泪，那么结局毫无疑问是死亡，而正是那份阳光的心态和乐观的信念拯救了她，否则，世界将会少了一个多么优秀的滑水选手！

心理的秘密——得到时谨慎，损失时冒险

下面做一个假设，美国正在为了预防一种流行性疾病爆发做准备工作。专家预测这场疾病将会致使六百余人死亡，目前只有一种可行性方案，但采用了两种不同方式的文字描述。

第一种描述方式：这里有两种实施方案，A方案可以挽救二百人；B方案有三分之一的可能挽救六百人，三分之二的可能性是一个人都救不了。

第二种描述方式：这里有两种实施方案，C方案会导致四百人死亡；D方案有三分之一的可能无一人死亡，三分之二的可能导致六百人无一人生还。

实际上，这两种情况是完全一样的，但是阅读第一种描述方式的人选择的是A方案，阅读了第二种描述方式的人选择的是D方案。如果是你，你将会做何选择？

让我们来分析一下，挽救二百人就相当于四百人死亡；三分之一的可能性救活六百人，和三分之一的可能性无一人死亡是一样的，但面对两种不同的描述方式，却出现了两种不同的选择。而这两种表述方式改变的也仅仅是参照点，人们不愿冒险，于是选择A。在死亡和冒险的面前，则更倾向于冒险，因为死亡是彻底的失去，于是选择D。

第九章

不知道的人生秘密

美国芝加哥大学经济学家塞勒曾经提出过一个问题：其一，假如现在你患上一种病，有一万分之一的可能性会猝死，而眼下有一种药，服用了以后，那么死亡率就会降到零，请问你愿意花多少钱来购买这样的药？其二，如果你的身体是健康的，现在有一家医药公司想找你来参加测试其新研制的一种药物，服用之后有万分之一的可能性导致猝死，请问你会要求医院用多少钱来补偿你？

在这项经济学的实验中，很多人说愿意花几百块钱来买药，可是即使那家医院愿意出资万元，也没有人愿意参加新药的测试实验。心理学分析，这其实就是一种损失规避心理在起作用。因为患病后治愈，相对于健康身体而言，是一种较为不敏感的获得。而对健康身体的负面刺激，尤其是增加死亡的概率，则是人们难以接受的巨大损失。可见，对损失所要求的补偿是远远高于为治病所愿意付出的代价的。

由此，塞勒提出了"心理账户"一说。举个简单的例子来说，面对同样的一百元钱，工作挣来的和买彩票得来的或路上捡的（运气真好），即使是在同一种心理情境下产生的刺激效果也是不一样的。辛苦工作挣来的就不太舍得花，意外得来的很快就会花掉。也就是说，同一数额的钱财在同一个消费者的心理上产生的刺激是不一样的，我们会给源自不同途径的钱财建立不同的心理账户体系。

说到这里，我们不难发现很多人在损失面前，总是会不甘心，愿意冒险一试。在收获的时候，却总是小心翼翼，不愿意冒半点风险。原因就是收获时候的快乐已经远远不及损失时候的痛苦了。所以，心理学家给我们几点建议。

1. 如果你有三个或若干个不好的消息要宣布，那么请一次性说完。因为几个损失结合起来所带来的痛苦感要低于分别单独经历这几个损失的痛苦之和。

2. 假如你有几个好消息要告知你身边的人，那就分开公布吧！因为分别经历若干收获所带来的幸福与快乐之感的总和，要远远大于若干个好消息叠加在一起获得的幸福和快乐。

3. 如果你有一个超级振奋人心的好消息即将宣布，另外还有一个无关紧要的不好的消息，那就应该将这两个消息放在一起告知对方。原因是好的消息所带来的幸福与快乐之感会减轻不好的消息产生的负面作用。

第九章

不知道的人生秘密

幸福的秘密——那个最幸福的人

2011年3月4日的清晨,对于一位居住在美国夏威夷檀香山的六十五岁华裔老人来说,是个很特殊的时刻,老人名叫阿尔文·王。那天早晨,《纽约时报》的记者道尔·沃森打来了电话,并在电话里告知老人,他被评为美国最幸福的人。美国著名的民意测验公司盖洛普对老年人生活中的各个要素进行详尽追踪调查,用了三年的时间最终确定阿尔文·王是所有被调查人员中幸福指数最高的一个。

这样的好消息,让阿尔文·王感到既欣喜又意外,他问道尔·沃森:"我只不过是一个普通的医疗保健管理公司的经营者,年收入也只在十二万美元左右,此外再也没有什么出众之处了,怎么我就成了美国最幸福的人了呢?"

道尔·沃森便告知了阿尔文这项评选的详细经过。原来从2008年开始,盖洛普公司每天都会在全美范围内展开电话或者是网络调查,针对至少一千名不同的年龄段、性别、教育水平以及种族的成年人进行调查,主要涉及的内容有生活评价、心理健康、身体健康、健康习惯、工作环境、基本服务六个方面。全面收集信息后,盖洛普公司就将它们加以系统化整理,并制定出相应的六项标准,用1到100之间的数字来表示,最终得到的这六项指标的加权平均值,就是该公司评价"美国最幸福的人"的幸福指标。

另外在进行这项调查的同时,盖洛普公司在全美五十个州和一个直辖特区进行调查,结果还发现一个很有趣的规律,那些身材高大的人比身材矮小的人感到的幸福更多,老年人比中年人更易感觉幸福,男人比女人更易觉得幸福,诸如此类。后来,盖洛普公司将各个州进行了幸福指数排序,结果显示平均幸福指数综合排名第一的是夏威夷州。此后,盖洛普公司又制定了一套新的标准:居住在夏威夷州、身材高大、年龄在六十五岁以上、男性、亚裔美国人、已婚有子女、严守犹太教规、有自己的事业、年收入超过十二万美元。然后,根据这些标准在美国夏威夷州范围内寻找符合条件的人。在经过两个月的跟踪调查之后,沃森细致而艰辛的工作总算告一段落,他最终是在夏威夷州的一家犹太教堂中联系到了阿尔文·王——一个完全符合"美国最幸福的人"标准的华裔六十五岁老人。

虽然阿尔文之前并没有觉得自己有多幸福,可后来他想想,"虽然我在相貌、财富等方面都不算出众,但我有自己的一套幸福秘诀。这就是假如你不能悠然自在地面对生活,那生活最终必将变得非常糟糕,坦然处之,不管生活回报你的是什么!或许幸福根本就没有一个可以量化的指标作为参考,但我们每个人其实都可以成为幸福的不同标准。"

或许成为"美国最幸福的人"的阿尔文就是你,就是我,因为我们每一个人都有资格成为最幸福的人,不需要你做全美最幸福的人,不需要你做全中国最幸福的人,更不需要你成为全世界最幸福的人,你只要做自己的最幸福的人就行了。就像阿尔文所说的"或许幸福根本就没有一个可以量化的指标作为参考,但我们每个人其实都可以成为幸福的不同标准"。这就是幸福的秘密。

美国心理学家哈利·克塞斯曾经提出过:幸福是不分性别的,不依赖于年龄的，幸福就是生活在一种"沉醉"的状态之中。

我们暂且不论盖洛普公司评出"美国最幸福的人"的那些幸福标准，因为幸福确实是不能以任何数据来评比的，它只是一种感觉，感觉到幸福便是幸福。可很多时候，繁忙的人们最容易忽略的往往也是他们最为关注的，他们常常感觉不到幸福，甚至一度认为自己根本一点都不幸福，疲于奔命之后换来的只是深不见底的孤独和倦怠。实际上，幸福每天每时每刻都在向我们靠近，可是我们却在不间断的交际应酬、在无休止的衡量比较、在冰冷的钢筋水泥中自怨自艾……结果，即使幸福近在咫尺，我们也无法感觉到。

根据美国心理学家哈利的研究，我们总结出日常生活的几种幸福状态，希望对大家能够准确把握住身边的幸福有所帮助。

一、微笑的脸。乌云密布的清晨，想必你的心情也不会好到哪去，但是如果你在上班的路上碰见一个迎面走来的陌生人，他/她对你微微一笑，或者是简单打个招呼，那你的嘴角也会跟着一起上扬。所以当心情不好的时候，送自己也送别人一个微笑，所有的乌云都会被赶走的。不是有人说过吗，要把自己当成那个最幸福的人，那么最终都会幸福起来的。因为当幸福成为一种习惯的状态，那么幸福也就属于你了。

二、换换心情。通过一块带有污渍的玻璃看世界，那世界便永远是不干净的，擦掉污渍一切都会明亮起来！所以感觉不幸福的时候，换一种心情去看待生活、生活中的人和事，那就会是另一种景象了。

三、积极情绪。我们不止一次地提过，一个人千万不能做情绪的奴隶！情绪是个很复杂的家伙，稍不留心它就会控制了我们的心态，而积极的情绪永远都是好东西，它能帮助我们更好地应对挑战，增强内心的愉悦感。因此，养成积极的习惯，积累积极情绪的个体体验，也是收获幸福感的有效途径之一。

四、有效控制时间。时间对于世界上的每一个人都是一样的，关键在于能否有效掌握和利用。一个能掌握好自己时间的人，会比其他人更能享受生活的乐趣。一天的时间可以做很多事情，而每一件事情的完成，无疑都会带给我们足够的成就感和自我满足感，不可否认，这也是一种幸福。

五、有自己的信仰。当我们每天都在为物质而奔波的时候，不妨在适当的时候停下来好好想想，是不是内心深处的空虚已经被填补。如果没有那就歇歇吧，读一本好书、听一曲音乐、品一杯茶……世界上有太多的人终其一生都在为事业奔走，最后才发现其实自己最需要的还是那份精神上的满足感。

六、善待身边的人。不要总是把自己交给工作，也不要总是沉浸在自己的世界里，看看你身边的那些人，家人、朋友、恋人……抽出时间好好和他们共处，因为他们是你一生的财富。

七、精力充沛。一个幸福的人通常都是身心愉悦的，有了充足的精力，才有心力去感知幸福。

八、参加户外活动。运动的人是健康的，至少看起来是令人欣喜的。长期呆在家里面对电脑，尤其是身在职场的人，长此以往压力会越来越大。适当的户外活动不仅帮助增强体质，更能陶冶性情，在锻炼身体的同时，也享受到了来自大自然的亲近。

幸福生活有很多不可或缺的因素，其中最重要的就是有希望，有事做，还要有值得自己爱的人。因此，试着去采纳以上的几条建议吧，你真的会幸福的。

第九章
不知道的人生秘密

成功的秘密——简单的事情重复做

有一位成功的推销大师，很多人都被他辉煌的推销成绩所折服。因此当得知他将要举办告别个人职业生涯的演说时，许多人都激动万分，大家想听听这位成功人士的精彩演讲，尤其是那些迫切渴望成功的人，还想从中汲取些成功之道。

演讲开始，帷幕缓缓拉开，舞台中央并不是像人们预想的那样站着推销大师，而是一个巨大的吊在舞台上空的铁球，它顿时吸引了众人的注意力，大家都不知所以然。这时，工作人员拿来一把大铁锤，这位推销大师也随即走上台来，对台下的观众说："我想请两位身体强壮的人上台来。"于是台下两个看起来很健壮的男人自告奋勇地上来了。然后工作人员要求他们用大铁锤敲打吊在舞台中央的大铁球，直到它动起来为止。这两个人开始不停地用大铁锤撞击大铁球，一直到两个人都气喘吁吁了，铁球竟丝毫没有移动。台下一片哗然，大家都不知道大师的葫芦里究竟卖的是什么药。

这时，推销大师拿起一把小锤子，很认真地在吊球上敲击起来，一次两次三次……观众们很奇怪地看着他，心中充满了疑惑不解，大师继续旁若无人地重复着用小铁锤敲击。时间慢慢地过去了，从十分钟到二十分钟，场下出现了骚动，很多人有了些许的烦躁，还有一些人愤然离席。离开的人或许觉得时间可贵，实在没有耐心等下去，而留下的或许只是因为觉得来一趟不易，等等也无妨……

半个小时过去了，四十分钟过去了，忽然，坐在台下最前面的一个妇女大叫起来："快看！球动了！"那一瞬间，人们都屏住了呼吸，大铁球确实动了，但摆动幅度并不是很大，大师依旧不停地敲击，人们都聚精会神地盯着铁球。后来，大铁球终于在大师一次又一次的敲击中晃动起来，接着巨大的声响散播开来，震撼着台上台下的每一个人。大师转过身来，在热烈的掌声中面对大家微笑，然后缓缓将小铁锤揣进兜里。

接着，大师面对着台下的观众说："在成功的路上，如果你不能耐心地等待成功的到来，那就只好继续面对失败。这就是我今天的演讲！"

对于不同的人来说，成功的道路或许千万条，但唯一不可否认的就是，成功其实是简单事情重复做。这是一条在任何人身上都适用的真理，也是这位成功的推销大师演讲的主题所在。

心理学上有一个定律叫"重复定律"，指的就是任何一件事情或者是一种思维，只要肯不断地重复，就可以得到不断地加强。"重复定律"强调潜意识中的某些行为的重复，演练成一种习惯，直到最后变成事实。对于一件事情也是一样的道理，重复做会越来越顺手，"熟能生巧"就是这个道理。

从前有个叫陈尧咨的人，他擅长射术，在当时几乎没有人能够和他一决高下，于是他整天洋洋自得，自我夸耀。一天，陈尧咨在自家的园子里练习射箭，刚巧一个卖油的老翁从此处经过，看见陈尧咨在射箭，就放下担子观看，表情十分不屑，当见到陈尧咨射箭十中八九的时候，老翁依旧表现得很不以为然。陈尧咨见此情况有点不高兴了，他走过去

第九章

不知道的人生秘密

问那个卖油翁:"你也会射箭吗?"卖油翁回答说:"没有什么神秘的,就是熟能生巧罢了。"陈尧咨脸色很不好看,"你胆敢蔑视我的射术!"卖油翁不依不饶地说:"凭借我倒油的经验就能知道这个道理。"于是卖油翁将一个葫芦放在地上,然后把一枚铜钱放在葫芦口上说:"我可以从铜钱口倒油进去,并且不会沾湿铜钱。"只见油缓缓地从铜钱口注进了葫芦里面,并且丝毫没有碰到铜钱,"这点手艺的奥秘也不过就是熟能生巧罢了"。

反复实践的过程也就是造就过硬技术的"重复"过程。我们在工作中,小到一个员工个人,大到一个企业都是在重复不断的失败中前进,或许很多事并不是熟练就可以解决的,但是往往坚持重复的决心能帮你走向最后的胜利,这是一种永不放弃的信念。我们要想在某一领域取得成就,就需要不断地实践和努力,不断地反复练习,当技术达到一定的精湛程度,方能完成超越,打造完美。

如今家喻户晓的肯德基,在最初也有一段艰辛的"重复"过程。

有一个人接受了政府分发的105美元的救济金,他将这笔钱用来投资,开了一家小店,并吸引了周围很多人的关注,大家纷纷前来光顾。眼前的场景令他十分喜悦,也给了他很大的自信心,他多希望自己能够做一番大事业啊!可惜的是当时的他还没有更多的资金。虽然什么都没有,至少他还有一个秘方,就是由十一种材料配置成的炸鸡秘方。他心想或许将这个秘方卖给那些开餐馆的人,还可以从中得到一些利润。说干就干,接下来他就每天驾着自己的老爷车,在美国的大街小巷中穿行,向餐馆出售他的炸鸡秘方。事情实际上并没有他想象的顺利,这种秘方经过他不厌其烦地演示,不断地推销,最后还是一份都没卖出去,人们都明确地拒绝了他。

尽管如此，他还是每天开着老爷车，一次又一次地出现在美国的大街小巷中，坚持重复着这件事。就在被拒绝了一千零九次后，他首次为自己争取到一个机会。也正是从这次开始，他慢慢做起了自己的"大事业"——步入开办肯德基连锁店的漫漫征途。经过三十多年的努力，他办成了世界上最大的炸鸡连锁店，他就是肯德基的创始人桑德斯，如今的肯德基已遍布全世界。试想，假如没有当年桑德斯的"重复"，今天我们或许根本就吃不到肯德基炸鸡呢。

所以，我们说成功的秘密就是一件事情的重复。但需要注意的是，这里的"重复"是有效的重复，在那些意义不大、毫无实质性效果的事情上重复只会浪费时间、消磨智慧。其次，重复并不是越多越好，在重复的过程中还要注意总结经验，吸取教训，每一次重复都要有所进步和提升。我们在工作上也是如此，任何本领都不是与生俱来的，而是练出来的，熟练的最高境界就是专家。